让工作化繁为简

用Python
实现视频剪辑与制作

自动化

编著

机械工业出版社
China Machine Press

图书在版编目（CIP）数据

让工作化繁为简：用 Python 实现视频剪辑与制作自动化 / 刘琼编著 . — 北京：机械工业出版社，2022.7

ISBN 978-7-111-71053-0

Ⅰ. ①让… Ⅱ. ①刘… Ⅲ. ①办公自动化 – 软件工具 – 程序设计 Ⅳ. ① TP311.561

中国版本图书馆 CIP 数据核字（2022）第 108828 号

　　本书是一本围绕"看得懂，学得会，用得上"编写原则创作的 Python 应用教程，通过融合了语法知识和编程思路的大量典型案例，带领读者学会利用 Python 实现视频剪辑与制作的自动化。

　　全书共 12 章，从结构上可划分为 4 个部分。第 1 部分包括第 1 章和第 2 章，主要讲解 Python 编程环境的搭建和 Python 的基础语法知识。第 2 部分包括第 3 章和第 4 章，主要讲解如何用 Python 编写爬虫代码，自动从网页上爬取图片素材和视频素材。第 3 部分包括第 5 ~ 11 章，通过大量的案例讲解如何用 Python 自动处理和剪辑视频与音频文件。第 4 部分为第 12 章，通过两个实战案例对前面所学的知识进行综合运用。

　　本书理论知识精练，案例典型实用，学习资源齐备，适合视频内容创作者和自媒体人阅读，对于视频剪辑爱好者和 Python 编程初学者来说也是不错的参考资料。

让工作化繁为简：用 Python 实现视频剪辑与制作自动化

出版发行：机械工业出版社（北京市西城区百万庄大街 22 号　邮政编码：100037）

责任编辑：刘立卿　　　　　　　　　　　　　责任校对：庄　瑜

印　　刷：河北宝昌佳彩印刷有限公司　　　　版　　次：2022 年 8 月第 1 版第 1 次印刷

开　　本：170mm×242mm　1/16　　　　　　印　　张：15.5

书　　号：ISBN 978-7-111-71053-0　　　　　 定　　价：79.80 元

客服电话：(010) 88361066　88379833　68326294　　投稿热线：(010) 88379604

华章网站：www.hzbook.com　　　　　　　　　读者信箱：hzjsj@hzbook.com

前 言

Preface

本书不是一本编程技术书，而是一本应用教程，通过融合了语法知识和编程思路的大量典型案例，带领读者一步步学会利用 Python 实现视频剪辑与制作的自动化。

◎ 内容结构

全书共 12 章，从结构上可划分为 4 个部分。

第 1 部分包括第 1 章和第 2 章，主要讲解 Python 编程环境的搭建和 Python 的基础语法知识，为后面的案例应用夯实基础。

第 2 部分包括第 3 章和第 4 章，主要讲解如何用 Python 编写爬虫代码，自动从网页上爬取图片素材和视频素材。

第 3 部分包括第 5～11 章，通过大量的案例讲解如何用 Python 自动处理和剪辑视频与音频文件，包括导入与导出视频、剪辑与调整视频、调整视频的色彩、拼接与合成视频、制作创意视频、为视频添加字幕和水印、剪辑音频等。

第 4 部分为第 12 章，通过两个实战案例对前面所学的知识进行综合运用。

◎ 编写特色

★**由浅入深，轻松入门：**全书按照"由易到难、由简到繁"的客观认知规律编排内容，没有编程基础的读者也能快速上手。每个案例都由生动的情景对话引出，让读者可以轻松地理解案例的适用范围和代码的编写思路。

★**案例实用，解说详尽：**本书案例都根据实际应用场景精心设计，相关代码除了有详细易懂的解析，还有针对重点语法知识的延伸讲解。部分案例还会通过"举一反三"栏目扩展应用场景，引导读者开拓思路。

　　★**资源齐备，自学无忧：**本书配套的学习资源包含案例用到的素材文件及编写好的代码文件，便于读者边学边练，在实际动手操作中加深印象。读者加入本书的 QQ 群还能获得线上答疑服务，实现自学无忧。

◎读者对象

　　本书适合视频内容创作者和自媒体人阅读，对于视频剪辑爱好者和 Python 编程初学者来说也是不错的参考资料。

　　本书由成都航空职业技术学院刘琼编著。由于编著者水平有限，本书难免有不足之处，恳请广大读者批评指正。读者除了扫描封面前勒口上的二维码关注公众号获取资讯以外，也可加入 QQ 群 675370851 进行交流。

编著者

2022 年 6 月

如何获取学习资源

 一　扫码关注微信公众号

在手机微信的"发现"页面点击"扫一扫"功能，进入"扫一扫"界面。将手机摄像头对准封面前勒口上的二维码，扫描识别后进入"详细资料"页面，点击"关注公众号"按钮，关注我们的微信公众号。

 二　获取资源下载地址和提取码

点击公众号主页面左下角的小键盘图标，进入输入状态。在输入框中输入"视频自动化"，点击"发送"按钮，公众号会自动回复一条消息，其中包含本书学习资源的下载地址和提取码，如右图所示。

 三　将资源下载地址和提取码从手机端传输到计算机端

在计算机上启动网页浏览器，在地址栏中输入网址 https://filehelper.weixin.qq.com/，按〈Enter〉键，打开微信文件传输助手网页版，如下左图所示。用手机微信的"扫一扫"功能扫描页面中的二维码进行登录，登录后的页面如下右图所示。

在手机微信中找到公众号回复的消息，长按消息，在弹出的菜单中点击"转发"命令，如右图所示。

在聊天列表中选择将消息转发给账号"文件传输助手"，如下左图所示。计算机端的网页版文件传输助手就会收到转发的消息，如下右图所示。

四　打开资源下载页面并提取文件

在计算机端网页版文件传输助手收到的消息中选中资源下载地址，将其复制并粘贴到浏览器地址栏中，按〈Enter〉键，打开资源下载页面。将消息中的提取码复制并粘贴到下载页面的"请输入提取码"文本框中，再单击"提取文件"按钮，进入下载文件的页面。在页面中单击打开资源文件夹，在要下载的文件名后单击"下载"按钮，即可将其下载到计算机中。如果页面中提示需要登录百度账号或安装百度网盘客户端，则按提示操作（百度网盘注册为免费用户即可）。下载的资料如果为压缩包，可使用 7-Zip、WinRAR 等软件解压。

> **提示：**读者在下载和使用学习资源的过程中如果遇到自己解决不了的问题，请加入 QQ 群 675370851，下载群文件中的详细说明，或向群管理员寻求帮助。

目 录
Contents

第3章 爬虫技术基础

第7章 视频的色彩调整

第8章 视频的拼接与合成

第9章　创意视频制作

第10章　为视频添加字幕和水印

第 1 章

Python 编程环境的搭建

要编写和运行 Python 代码，需先在计算机中搭建 Python 的编程环境，包括安装 Python 解释器和代码编辑器，并安装所需的第三方模块。本章将详细讲解这些知识，带领初学者迈入 Python 编程的大门。

1.1 Python 解释器与代码编辑器的安装和使用

解释器用于将代码转译成计算机可以理解的指令，本书推荐安装的 Python 解释器是 Anaconda。代码编辑器用于编写和调试代码，当前流行的 Python 代码编辑器有 PyCharm、Visual Studio Code、Jupyter Notebook、Spyder 等，本书将使用 Anaconda 中集成的 Jupyter Notebook 进行讲解。

1.1.1 Anaconda 的安装与配置

Anaconda 是 Python 的一个发行版本，安装了它就相当于安装了 Python 解释器。Anaconda 还集成了很多常用的第三方模块，如 NumPy、pandas 等，免去了手动安装的麻烦。

步骤01 Anaconda 支持的操作系统有 Windows、macOS、Linux，其安装包根据适配的操作系统类型分为不同的版本，因此，在下载安装包之前先要查看当前操作系统的类型。以 Windows 10 为例，右击屏幕左下角的 "开始" 按钮，在弹出的快捷菜单中执行 "系统" 命令，在打开的 "关于" 界面中即可看到当前操作系统的类型，如这里为 64 位的 Windows，如下图所示。在一些旧版本的 Windows 中，还可以打开控制面板，进入 "系统和安全＞系统" 界面查看当前操作系统的类型。

步骤02 ❶用浏览器打开网址 https://www.anaconda.com/products/individual，进入 Anaconda 个人版的官方下载页面。滚动鼠标滚轮，向下滚动页面，找到 "Anaconda Installers" 栏目，然后根据上一步获得的操作系统类型选择相应的安装包，❷这里单击 "Windows" 下方的 "64-Bit Graphical Installer" 链接，如

下图所示，即可开始下载 Anaconda 安装包。

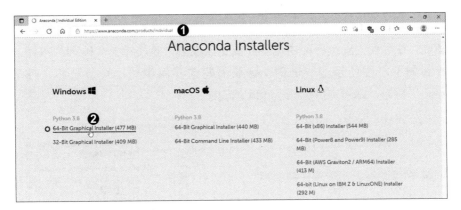

　　如果操作系统是 32 位的 Windows，那么选择 32 位版本的安装包下载。同理，如果操作系统是 macOS 或 Linux，选择相应版本的安装包下载即可。如果官网下载速度较慢，可到清华大学开源软件镜像站下载安装包，网址为 https://mirrors.tuna.tsinghua.edu.cn/anaconda/archive/。

步骤 03　双击下载好的安装包，在打开的安装界面中不需要更改任何设置，直接进入下一步。这一步要选择安装路径，如下左图所示。建议初学者使用默认的安装路径，不要做更改，直接单击 "Next" 按钮，否则在后期使用中容易出问题。如果要更改安装路径，可单击 "Browse" 按钮，在打开的对话框中选择新的安装路径，并且注意安装路径中不要包含中文字符。

步骤 04　这一步要设置安装选项。❶一定要勾选 "Advanced Options" 选项组下的第一个复选框，其作用相当于自动配置好环境变量，❷然后单击 "Install" 按钮，如下右图所示。

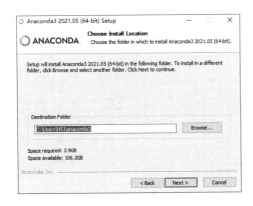

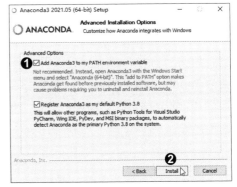

步骤05 ❶等待一段时间，如果安装界面中出现"Installation Complete"的提示文字，说明 Anaconda 安装成功，❷直接单击"Next"按钮，如下左图所示。

步骤06 在后续的安装界面中也不需要更改设置，直接单击"Next"按钮。当跳转到如下右图所示的界面时，❶取消勾选界面中的两个复选框，❷单击"Finish"按钮，即可完成 Anaconda 的安装。

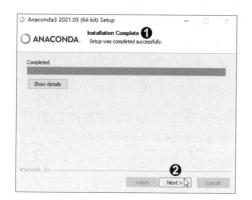
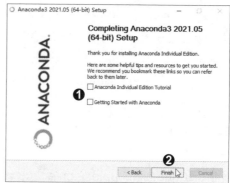

1.1.2 Jupyter Notebook 的基本用法

Jupyter Notebook 是一款运行在浏览器中的代码编辑器，其特点是可以分区块编写和运行代码。Anaconda 中已经集成了 Jupyter Notebook，安装好 Anaconda 后，不需要做额外的配置就可以使用 Jupyter Notebook。下面就来讲解 Jupyter Notebook 的基本用法。

1. 启动 Jupyter Notebook

Jupyter Notebook 的启动方式有两种，下面以 Windows 为例分别介绍。

（1）从"开始"菜单启动

❶单击桌面左下角的"开始"按钮，打开"开始"菜单，❷展开文件夹"Anaconda3（64-bit）"，❸单击其中的 Jupyter Notebook 快捷方式，如右图所示。

随后会弹出一个命令行窗口，它是 Jupyter Notebook 的后台服务管理窗口，

如下图所示。在启动和使用 Jupyter Notebook 的过程中，一定不能关闭这个窗口。

等待一段时间，会在默认浏览器中打开 Jupyter Notebook 的初始界面，如下图所示。界面中显示的是 C 盘下用户文件夹的内容，我们可以在其中创建 Python 文件，但是无法浏览其他磁盘分区的文件和文件夹。

（2）从指定文件夹启动

用上面介绍的方法启动 Jupyter Notebook 后，默认只能在 C 盘下的用户文件夹中进行操作。如果想要在其他文件夹下进行操作，就需要使用下面介绍的方法从指定文件夹启动 Jupyter Notebook。

假设要打开文件夹"E:\ 文件"中的 Python 文件（扩展名为".ipynb"），在资源管理器中进入目标文件夹，在路径框内输入"cmd"，如下左图所示，然后按〈Enter〉键。在弹出的命令行窗口中输入"jupyter notebook"，如下右图所示，按〈Enter〉键。

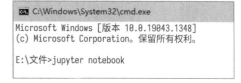

随后会在默认浏览器中打开如下图所示的网页，其中显示的就是文件夹 "E:\ 文件" 的内容，单击某个 Python 文件即可将其打开。

2. 编写和运行代码

　　在编写代码前，首先需要新建一个 Python 文件。❶单击 Jupyter Notebook 界面右上角的 "New" 按钮，❷在展开的列表中选择 "Python 3" 选项，如下图所示，即可创建 Python 文件。如果需要新建文件夹，则选择 "Folder" 选项。

　　❶随后会打开如下图所示的网页，❷在区块中可编写代码，编写代码时区块边框显示为绿色。编写完毕后，❸单击菜单栏下方工具栏中的 "运行" 按钮或按快捷键〈Ctrl+Enter〉，即可运行当前区块的代码。

　　运行代码后，在区块下方会显示运行结果，并且在运行结果下方会自动新

增一个区块。❶在新增区块中继续输入代码,❷再单击工具栏中的"运行"按钮,运行新增区块中的代码,如下图所示。

如果要在当前区块下方手动新增区块,可单击工具栏中的⊞按钮。工具栏中还集成了保存、剪切、复制、粘贴等常用功能按钮,读者可自行了解。

完成了代码的编写和运行后,还需要对文件进行重命名。单击标题栏中的"Untitled"按钮,如下图所示。

❶在弹出的"重命名笔记本"对话框中输入新的文件名,如"example",❷单击"重命名"按钮,如下图所示,即可完成文件的重命名操作。

1.2　模块的安装和导入

Python 的魅力之一就是拥有丰富的第三方模块,用户在编程时可以直接调用模块来实现强大的功能，而不需要自己编写复杂的代码。

1.2.1　初识模块

如果要在多个程序中重复实现某个功能，那么能不能直接在新程序中调用自己或他人已经编写好的代码，而不用每一次都重复编写代码呢？答案是肯定的，这就要用到 Python 中的模块。模块又称为库或包，简单来说，每一个扩展名为".py"的文件都可以称为一个模块。Python 的模块主要分为下面 3 种。

1. 内置模块

内置模块是指 Python 自带的模块，不需要安装就能直接使用，如 time、math、pathlib 等。

2. 自定义模块

Python 用户可以将自己编写的代码封装成模块，以方便在其他程序中调用，这样的模块就是自定义模块。需要注意的是，自定义模块不能和内置模块重名，否则将不能再导入内置模块。

3. 第三方模块

通常所说的模块就是指第三方模块，这类模块由一些程序员或企业开发并免费分享给大家使用，通常一个模块用于实现某一个大类的功能。例如，Requests 模块用于模拟浏览器发起网络请求，MoviePy 模块用于剪辑视频。

Python 之所以能风靡全球，一个很重要的原因就是它拥有数量众多的第三方模块，相当于为用户配备了一个庞大的工具库。当用户要实现某种功能时，不需要自己制造工具，直接从工具库中取出相应的工具使用即可，从而大大提高开发效率。

安装 Anaconda 时会自动安装一些第三方模块，而有些第三方模块需要用户自行安装，1.2.2 节会讲解模块的安装方法。

1.2.2　模块的安装

安装第三方模块最常用的方法是 pip 命令安装法。pip 是 Python 提供的一个命令，用于管理第三方模块，包括第三方模块的安装、卸载、升级等。下面以 MoviePy 模块为例，介绍使用 pip 命令安装第三方模块的方法。

按快捷键〈▦+R〉打开"运行"对话框，❶在对话框中输入"cmd"，❷单击"确定"按钮，如下左图所示。❸在打开的命令行窗口中输入命令"pip install moviepy"，如下右图所示。命令中的"moviepy"是要安装的模块的名称，如果要安装其他模块，将"moviepy"改为相应的模块名称即可。按〈Enter〉键执行命令，等待一段时间，如果出现"Successfully installed"的提示文字，说明模块安装成功，随后在编写代码时就可以使用 MoviePy 模块的功能了。

技巧　通过镜像服务器安装模块

pip 命令默认从设在国外的服务器上下载模块，由于网速不稳定、数据传输受阻等原因，安装可能会失败，解决办法之一是通过国内的企业、院校、科研机构设立的镜像服务器来安装模块。例如，从清华大学的镜像服务器安装 MoviePy 模块的命令为"pip install moviepy -i https://pypi.tuna.tsinghua.edu.cn/simple"。命令中的"-i"是一个参数，用于指定 pip 命令下载模块的服务器地址；"https://pypi.tuna.tsinghua.edu.cn/simple"则是清华大学设立的模块镜像服务器的地址。读者可以自行搜索更多镜像服务器的地址。

1.2.3　模块的导入

安装好模块后，还需要在代码中导入模块，才能调用模块的功能。这里主要讲解两种导入模块的方法：import 语句导入法和 from 语句导入法。

1. import 语句导入法

import 语句导入法会导入指定模块中的所有函数，适用于需要使用指定模块中的大量函数的情况。import 语句的基本语法格式如下：

```
import 模块名
```

演示代码如下：

```
1    import math  # 导入math模块
2    import time  # 导入time模块
```

用该方法导入模块后，在后续编程中如果要调用模块中的函数，则要为函数名添加模块名的前缀，演示代码如下：

```
1    import math
2    a = math.sqrt(16)
3    print(a)
```

第 2 行代码要调用 math 模块中的 sqrt() 函数来计算 16 的平方根，所以为 sqrt() 函数添加了前缀 math。运行结果如下：

```
1    4.0
```

2. from 语句导入法

有些模块中的函数较多，如果用 import 语句全部导入，会导致程序运行速度较慢。如果只需要使用模块中的少数几个函数，可以使用 from 语句导入法，这种方法可以导入指定的函数。from 语句的基本语法格式如下：

```
from 模块名 import 函数名
```

演示代码如下：

```
1    from math import sqrt  # 导入math模块中的单个函数
2    from time import strftime, localtime, sleep  # 导入time
     模块中的多个函数
```

使用 from 语句导入法最大的好处是在调用函数时可以直接写出函数名，不需要添加模块名前缀，演示代码如下：

```
1    from math import sqrt  # 导入math模块中的sqrt()函数
```

```
2    a = sqrt(16)
3    print(a)
```

因为第 1 行代码中已经写明了要导入哪个模块中的哪个函数，所以第 2 行代码中可以直接用函数名调用函数。运行结果如下：

```
1    4.0
```

这两种导入模块的方法各有优缺点，编程时根据实际需求选择即可。

此外，如果模块名或函数名很长，可以在导入时使用 as 关键字对它们进行简化，以方便后续代码的编写。通常用模块名或函数名中的某几个字母来代替模块名或函数名，演示代码如下：

```
1    import numpy as np  # 导入NumPy模块，并将其简写为np
2    from math import factorial as fc  # 导入math模块中的fac-
     torial()函数，并将其简写为fc
```

技巧　使用通配符导入模块

使用 from 语句导入法时，如果将函数名用通配符 "*" 代替，写成 "from 模块名 import *"，则和 import 语句导入法一样，会导入模块中的所有函数。演示代码如下：

```
1    from math import *  # 导入math模块中的所有函数
2    a = sqrt(16)
3    print(a)
```

这种方法的优点是在调用模块中的函数时不需要添加模块名前缀，缺点是不能使用 as 关键字来简化函数名。

第**2**章

Python 的基础语法知识

学习任何一门编程语言都必须掌握其语法知识，学习 Python 也不例外。本章就来讲解 Python 的基础语法知识，包括变量、数据类型、运算符、编码基本规范、控制语句、函数等。

2.1　变量

变量是程序代码不可缺少的要素之一。简单来说，变量是一个代号，它代表的是一个数据。在 Python 中，定义一个变量的操作分为两步：首先要为变量起一个名字，即变量的命名；然后要为变量指定其所代表的数据，即变量的赋值。这两个步骤在同一行代码中完成。

变量的命名不能随意而为，而是需要遵循如下规则：

▪ 变量名可以由任意数量的字母、数字、下划线组合而成，但是必须以字母或下划线开头，不能以数字开头。本书建议用英文字母开头，如 a、b、c、file1、video2、clip_list 等。

▪ 不要用 Python 的保留字或内置函数来命名变量。例如，不要用 import 或 print 作为变量名，因为前者是 Python 的保留字，后者是 Python 的内置函数，它们都有特殊的含义。

▪ 变量名中的英文字母是区分大小写的。例如，D 和 d 是两个不同的变量。

▪ 变量名最好有一定的意义，能够直观地描述变量所代表的数据的内容或类型。例如，用变量 age 代表内容是年龄的数据，用变量 list1 代表类型为列表的数据。

变量的赋值用等号 "=" 来完成，"=" 的左边是一个变量，右边是该变量所代表的数据。Python 有多种数据类型（将在 2.2 节详细介绍），但在定义变量时不需要指明变量的数据类型，在变量赋值的过程中，Python 会自动根据所赋的值的类型来确定变量的数据类型。

定义变量的演示代码如下：

```
1  x = 1
2  print(x)
3  y = x + 25
4  print(y)
```

上述代码中的 x 和 y 就是变量。第 1 行代码表示定义一个名为 x 的变量，并赋值为 1；第 2 行代码表示输出变量 x 的值；第 3 行代码表示定义一个名为 y 的变量，并将变量 x 的值与 25 相加后的结果赋给变量 y；第 4 行代码表示输出变量 y 的值。

代码的运行结果如下：

```
1    1
2    26
```

2.2　数据类型

　　Python 中有 6 种基本数据类型：数字、字符串、列表、字典、元组和集合。下面分别进行介绍。

2.2.1　数字

　　Python 中的数字分为整型和浮点型两种。

　　整型数字（用 int 表示）与数学中的整数一样，都是指不带小数点的数字，包括正整数、负整数和 0。下述代码中的数字都是整型数字：

```
1    a = 10
2    b = -80
3    c = 8500
4    d = 0
```

　　使用 print() 函数可以直接输出整数，演示代码如下：

```
1    print(10)
```

　　运行结果如下：

```
1    10
```

　　浮点型数字（用 float 表示）是指带有小数点的数字。下述代码中的数字都是浮点型数字：

```
1    a = 10.5
2    pi = 3.14159
3    c = -0.55
```

浮点型数字也可以用 print() 函数直接输出，演示代码如下：

```
1    print(10.5)
```

运行结果如下：

```
1    10.5
```

2.2.2　字符串

顾名思义，字符串（用 str 表示）就是由一个个字符连接起来的组合。组成字符串的字符可以是数字、字母、符号（包括空格）、汉字等。字符串的内容需置于一对引号内，引号可以是单引号、双引号或三引号，但必须是英文引号。

定义字符串的演示代码如下：

```
1    print(520)
2    print('520')
```

运行结果如下：

```
1    520
2    520
```

输出的两个 520 看起来没有任何差别，但是前一个 520 是整型数字，可以参与加减乘除等算术运算，后一个 520 是字符串，不能参与加减乘除等算术运算，否则会报错。

下面分别讲解用 3 种形式的引号定义字符串的方法。

1. 用单引号定义字符串

用单引号定义字符串的演示代码如下：

```
1    print('明天更美好')
```

运行结果如下：

```
1    明天更美好
```

2. 用双引号定义字符串

用双引号定义字符串和用单引号定义字符串的效果相同，演示代码如下：

```
1    print("明天更美好")
```

运行结果如下：

```
1    明天更美好
```

需要注意的是，定义字符串时使用的引号必须统一，不能混用，即一对引号必须都是单引号或双引号，不能一个是单引号，另一个是双引号。有时一行代码中会同时出现单引号和双引号，就要注意区分哪些引号是定义字符串的引号，哪些引号是字符串的内容。演示代码如下：

```
1    print("Let's go")
```

运行结果如下：

```
1    Let's go
```

上述代码中的双引号是定义字符串的引号，不会被 print() 函数输出，而单引号则是字符串的内容，会被 print() 函数输出。

3. 用三引号定义字符串

三引号就是 3 个连续的单引号或双引号。用三引号定义字符串的演示代码如下：

```
1    print('''2022,
2    一起加油！
3    ''')
```

运行结果如下：

```
1    2022,
2    一起加油!
```

可以看到,用三引号定义的字符串内容是可以换行的。如果只想使用单引号或双引号来定义字符串,但又想在字符串中换行,可以使用转义字符"\n",演示代码如下:

```
1    print('2022,\n一起加油! ')
```

运行结果如下:

```
1    2022,
2    一起加油!
```

除了"\n"之外,转义字符还有很多,它们大多数是一些特殊字符,并且都以"\"开头,例如,"\t"表示制表符,"\b"表示退格,等等。

有时转义字符会带来一些麻烦,例如,想用如下代码输出一个文件路径:

```
1    print('e:\new_data.txt')
```

运行结果如下:

```
1    e:
2    ew_data.txt
```

这个结果与我们预期的不同,原因是 Python 将路径字符串中的"\n"视为了一个转义字符。为了正确输出该路径,可将代码修改为如下两种形式:

```
1    print(r'e:\new_data.txt')
2    print('e:\\new_data.txt')
```

第 1 行代码通过在字符串的前面增加一个字符 r 来取消转义字符"\n"的换行功能;第 2 行代码则是将路径中的"\"改为"\\","\\"也是一个转义字符,它代表一个反斜杠字符"\"。

运行结果如下：

```
1    e:\new_data.txt
2    e:\new_data.txt
```

2.2.3 列表

列表（用 list 表示）是最常用的 Python 数据类型之一，它能将多个数据有序地组织在一起，并方便地调用。

1. 列表入门

先来学习创建一个最简单的列表。例如，要把 5 个姓名存储在一个列表中：

```
1    class1 = ['李白', '王维', '孟浩然', '王昌龄', '王之涣']
```

从上述代码可以看出，定义一个列表的语法格式为：

```
列表名 = [元素1，元素2，元素3 ……]
```

列表的元素可以是字符串，也可以是数字，甚至可以是另一个列表。下面这行代码定义的列表就含有 3 种元素：整型数字 1、字符串 '123'、列表 [1, 2, 3]。

```
1    a = [1, '123', [1, 2, 3]]
```

利用 for 语句可以遍历列表中的所有元素，演示代码如下：

```
1    class1 = ['李白', '王维', '孟浩然', '王昌龄', '王之涣']
2    for i in class1:
3        print(i)
```

运行结果如下：

```
1    李白
2    王维
```

```
3    孟浩然
4    王昌龄
5    王之涣
```

2. 统计列表的元素个数

如果需要统计列表的元素个数（又称为列表的长度），可以使用 len() 函数。该函数的语法格式为：

```
len(列表名)
```

演示代码如下：

```
1    class1 = ['李白', '王维', '孟浩然', '王昌龄', '王之涣']
2    a = len(class1)
3    print(a)
```

因为列表 class1 有 5 个元素，所以代码的运行结果如下：

```
1    5
```

3. 提取列表的单个元素

列表中的每个元素都有一个索引号，第 1 个元素的索引号为 0，第 2 个元素的索引号为 1，依此类推。如果要提取列表的单个元素，可以在列表名后加上 "[索引号]"，演示代码如下：

```
1    class1 = ['李白', '王维', '孟浩然', '王昌龄', '王之涣']
2    a = class1[1]
3    print(a)
```

第 2 行代码中的 class1[1] 表示从列表 class1 中提取索引号为 1 的元素，即第 2 个元素，所以运行结果如下：

```
1    王维
```

如果想提取列表 class1 的第 5 个元素 '王之涣'，其索引号是 4，则相应的代码是 class1[4]。

"索引号从 0 开始"这个知识点与我们日常的思考习惯不同，初学者应给予重视。

4. 提取列表的多个元素——列表切片

如果想从列表中一次性提取多个元素，就要用到列表切片，其一般语法格式为：

```
列表名[索引号1:索引号2]
```

其中，"索引号 1"对应的元素能取到，"索引号 2"对应的元素取不到，俗称"左闭右开"。演示代码如下：

```
1  class1 = ['李白', '王维', '孟浩然', '王昌龄', '王之涣']
2  a = class1[1:4]
3  print(a)
```

在第 2 行代码的"[]"中，"索引号 1"为 1，对应第 2 个元素，"索引号 2"为 4，对应第 5 个元素，又根据"左闭右开"的规则，第 5 个元素是取不到的，因此，class1[1:4] 表示从列表 class1 中提取第 2～4 个元素，运行结果如下：

```
1  ['王维', '孟浩然', '王昌龄']
```

当不确定列表元素的索引号时，可以只写一个索引号，演示代码如下：

```
1  class1 = ['李白', '王维', '孟浩然', '王昌龄', '王之涣']
2  a = class1[1:]   # 提取第2个元素到最后一个元素
3  b = class1[-3:]   # 提取倒数第3个元素到最后一个元素
4  c = class1[:-2]    # 提取倒数第2个元素之前的所有元素（因为要
   遵循"左闭右开"的规则，所以不包含倒数第2个元素）
5  print(a)
6  print(b)
7  print(c)
```

运行结果如下：

```
1   ['王维', '孟浩然', '王昌龄', '王之涣']
2   ['孟浩然', '王昌龄', '王之涣']
3   ['李白', '王维', '孟浩然']
```

5. 添加列表元素

用 append() 函数可以给列表添加元素，演示代码如下：

```
1   score = []   # 创建一个空列表
2   score.append(80)   # 用append()函数给列表添加一个元素
3   print(score)
4   score.append(90)   # 再次给列表添加一个元素
5   print(score)
```

运行结果如下：

```
1   [80]
2   [80, 90]
```

6. 列表与字符串的相互转换

列表与字符串的相互转换在文本筛选中有很大的用处。将列表转换成字符串主要使用的是 join() 函数，其语法格式如下：

```
'连接符'.join(列表名)
```

例如，将 class1 转换成一个用逗号连接的字符串，演示代码如下：

```
1   class1 = ['李白', '王维', '孟浩然', '王昌龄', '王之涣']
2   a = ','.join(class1)
3   print(a)
```

运行结果如下：

```
1   李白,王维,孟浩然,王昌龄,王之涣
```

如果把第 2 行代码中的逗号换成空格，那么输出结果如下：

```
1   李白 王维 孟浩然 王昌龄 王之涣
```

将字符串转换为列表主要使用的是 split() 函数，其语法格式如下：

```
字符串.split('分隔符')
```

以空格为分隔符将字符串拆分成列表的演示代码如下：

```
1   a = 'Have a nice day'
2   print(a.split(' '))
```

运行结果如下：

```
1   ['Have', 'a', 'nice', 'day']
```

2.2.4 字典

字典（用 dict 表示）是另一种存储多个数据的数据类型。假设 class1 里的每个姓名都有一个编号，若要把姓名和编号一一配对，就需要用字典来存储数据。定义一个字典的基本语法格式如下：

```
字典名 = {键1：值1，键2：值2，键3：值3 ……}
```

字典的每个元素都由两个部分组成（而列表的每个元素只有一个部分），前一部分称为键（key），后一部分称为值（value），中间用冒号分隔。

键相当于一把钥匙，值相当于一把锁，一把钥匙对应一把锁。那么对于 class1 中的每个姓名来说，一个姓名对应一个编号，相应的字典写法如下：

```
1   class1 = {'李白': 85, '王维': 95, '孟浩然': 75, '王昌龄':
    65, '王之涣': 55}
```

提取字典中某个元素的值的语法格式如下：

字典名['键名']

例如，要提取 '王维' 的编号，演示代码如下：

```
1  class1 = {'李白': 85, '王维': 95, '孟浩然': 75, '王昌龄':
   65, '王之涣': 55}
2  score = class1['王维']
3  print(score)
```

运行结果如下：

```
1  95
```

如果想遍历字典，输出每个姓名和编号，演示代码如下：

```
1  class1 = {'李白': 85, '王维': 95, '孟浩然': 75, '王昌龄':
   65, '王之涣': 55}
2  for i in class1:
3      print(i, class1[i])
```

这里的 i 是字典的键，即 '李白'、'王维' 等姓名，class1[i] 则是键对应的值，即每个姓名的编号。运行结果如下：

```
1  李白 85
2  王维 95
3  孟浩然 75
4  王昌龄 65
5  王之涣 55
```

另一种遍历字典的方法是使用字典的 items() 函数，演示代码如下：

```
1  class1 = {'李白': 85, '王维': 95, '孟浩然': 75, '王昌龄':
   65, '王之涣': 55}
```

```
2   for k, v in class1.items():
3       print(k, v)
```

items() 函数返回的是可遍历的（键，值）元组序列，因此，第 2 行代码中的变量 k 代表字典的键，变量 v 则代表键对应的值。

2.2.5　元组和集合

相对于列表和字典来说，元组和集合用得较少，因此这里只做简单介绍。

元组（用 tuple 表示）的定义和使用方法与列表非常类似，区别在于定义列表时使用的符号是中括号 "[]"，而定义元组时使用的符号是小括号 "()"，并且元组中的元素不可修改。定义和使用元组的演示代码如下：

```
1   a = ('李白', '王维', '孟浩然', '王昌龄', '王之涣')
2   print(a[1:3])
```

运行结果如下。可以看到，从元组中提取元素的方法和列表是一样的。

```
1   ('王维', '孟浩然')
```

集合（用 set 表示）是由不重复的元素组成的无序序列。可用大括号 "{}" 来定义集合，也可用 set() 函数来创建集合，演示代码如下：

```
1   a = ['李白', '李白', '王维', '孟浩然', '王昌龄', '王之涣']
2   print(set(a))
```

运行结果如下。可以看到，生成的集合中自动删除了重复的元素。

```
1   {'李白', '王维', '王之涣', '孟浩然', '王昌龄'}
```

2.3　数据类型的查询和转换

数据类型的查询和转换是编程中常用的操作，本节就来介绍具体的方法。

2.3.1　数据类型的查询

使用 Python 内置的 type() 函数可以查询数据的类型。该函数的使用方法很简单，只需把要查询的内容放在括号里。演示代码如下：

```
1    name = 'Tom'
2    number = '88'
3    number1 = 88
4    number2 = 55.2
5    print(type(name))
6    print(type(number))
7    print(type(number1))
8    print(type(number2))
```

运行结果如下：

```
1    <class 'str'>
2    <class 'str'>
3    <class 'int'>
4    <class 'float'>
```

从运行结果可以看出，变量 name 和 number 的数据类型都是字符串（str），变量 number1 的数据类型是整型数字（int），变量 number2 的数据类型是浮点型数字（float）。

2.3.2　数据类型的转换

下面介绍 Python 中用于转换数据类型的 3 个常用内置函数：str()、int() 和 float()。

1. str() 函数

str() 函数能将数据转换成字符串。不管这个数据是整型数字还是浮点型数字，只要将其放到 str() 函数的括号里，这个数据就能"摇身一变"，成为字符串。演示代码如下：

```
1    a = 88
2    b = str(a)
3    print(type(a))
4    print(type(b))
```

第 2 行代码表示用 str() 函数将变量 a 所代表的数据的类型转换为字符串，并赋给变量 b。第 3 行和第 4 行代码分别输出变量 a 和 b 的数据类型。

运行结果如下。可以看出，变量 a 代表整型数字 88，而转换后的变量 b 代表字符串 '88'。

```
1    <class 'int'>
2    <class 'str'>
```

2. int() 函数

int() 函数能将数据转换成整型数字，其用法同 str() 函数一样，将需要转换的内容放在函数的括号里即可。将字符串转换成整型数字的演示代码如下：

```
1    a = '88'
2    b = int(a)
3    print(type(a))
4    print(type(b))
```

运行结果如下。可以看出，变量 a 代表字符串 '88'，而转换后的变量 b 则代表整型数字 88。

```
1    <class 'str'>
2    <class 'int'>
```

需要注意的是，内容不是标准整数的字符串，如 'C-3PO'、'3.14'、'98%'，不能被 int() 函数正确转换。

int() 函数还可将浮点型数字转换成整型数字，转换过程中的取整处理方式不是四舍五入，而是直接舍去小数部分，只保留整数部分。演示代码如下：

```
1    print(int(5.8))
2    print(int(0.618))
```

运行结果如下：

```
1    5
2    0
```

3. float() 函数

float() 函数可以将整型数字和内容为数字（包括整数和小数）的字符串转换为浮点型数字。整型数字和内容为整数的字符串在用 float() 函数转换后，末尾会添加小数点和一个 0。演示代码如下：

```
1    pi = '3.14'
2    pi1 = float(pi)
3    print(type(pi))
4    print(type(pi1))
```

运行结果如下：

```
1    <class 'str'>
2    <class 'float'>
```

2.4　运算符

运算符主要用于对数据进行运算及连接。常用的运算符有算术运算符、字符串运算符、比较运算符、赋值运算符和逻辑运算符。

2.4.1　算术运算符和字符串运算符

算术运算符是最常见的一类运算符，用于完成基本的算术运算。算术运算符的符号和含义见表 2-1。

表 2-1　算术运算符

符号	名称	含义
+	加法运算符	计算两个数相加的和
−	减法运算符	计算两个数相减的差
	负号	表示一个数的相反数
*	乘法运算符	计算两个数相乘的积
/	除法运算符	计算两个数相除的商
**	幂运算符	计算一个数的某次方
//	取整除运算符	计算两个数相除的商的整数部分（舍弃小数部分，不做四舍五入）
%	取模运算符	常用于计算两个正整数相除的余数

"+"和"*"除了能作为算术运算符对数字进行运算，还能作为字符串运算符对字符串进行运算。"+"用于拼接字符串，"*"用于将字符串复制指定的份数，演示代码如下：

```
1  a = 'hello'
2  b = 'world'
3  c = a + ' ' + b
4  print(c)
5  d = 'Python' * 3
6  print(d)
```

运行结果如下：

```
1  hello world
2  PythonPythonPython
```

2.4.2　比较运算符

比较运算符又称为关系运算符，用于判断两个值之间的大小关系，其运算结果为 True（真）或 False（假）。比较运算符通常用于构造判断条件，以根据判断的结果来决定程序的运行方向。比较运算符的符号和含义见表 2-2。

表 2-2 比较运算符

符号	名称	含义
>	大于运算符	判断运算符左侧的值是否大于右侧的值
<	小于运算符	判断运算符左侧的值是否小于右侧的值
>=	大于或等于运算符	判断运算符左侧的值是否大于或等于右侧的值
<=	小于或等于运算符	判断运算符左侧的值是否小于或等于右侧的值
==	等于运算符	判断运算符左右两侧的值是否相等
!=	不等于运算符	判断运算符左右两侧的值是否不相等

下面以 "<" 运算符为例讲解比较运算符的运用，演示代码如下：

```
1    score = 10
2    if score < 60:
3        print('需要努力')
```

因为 10 小于 60，所以运行结果如下：

```
1    需要努力
```

初学者需注意不要混淆 "=" 和 "=="：前者是赋值运算符，用于给变量赋值；而后者是比较运算符，用于比较两个值是否相等。演示代码如下：

```
1    a = 1
2    b = 2
3    if a == b:  # 注意这里是两个等号
4        print('a和b相等')
5    else:
6        print('a和b不相等')
```

此处 a 和 b 不相等，所以运行结果为：

```
1    a和b不相等
```

2.4.3 赋值运算符

赋值运算符其实在前面已经接触过，为变量赋值时使用的"="便是赋值运算符的一种。赋值运算符的符号和含义见表 2-3。

表 2-3 赋值运算符

符号	名称	含义
=	简单赋值运算符	将运算符右侧的运算结果赋给左侧
+=	加法赋值运算符	执行加法运算并将结果赋给左侧
-=	减法赋值运算符	执行减法运算并将结果赋给左侧
*=	乘法赋值运算符	执行乘法运算并将结果赋给左侧
/=	除法赋值运算符	执行除法运算并将结果赋给左侧
**=	幂赋值运算符	执行求幂运算并将结果赋给左侧
//=	取整除赋值运算符	执行取整除运算并将结果赋给左侧
%=	取模赋值运算符	执行求模运算并将结果赋给左侧

下面先以"+="运算符为例讲解赋值运算符的运用，演示代码如下：

```
1  price = 100
2  price += 10
3  print(price)
```

第 2 行代码表示将变量 price 的当前值（100）与 10 相加，再将计算结果重新赋给变量 price，相当于 price = price + 10。运行结果如下：

```
1  110
```

再以"*="运算符为例进一步演示赋值运算符的运用，演示代码如下：

```
1  price = 100
2  discount = 0.5
3  price *= discount
4  print(price)
```

第 3 行代码相当于 price = price * discount，所以运行结果如下：

```
1    50.0
```

2.4.4　逻辑运算符

逻辑运算符一般与比较运算符结合使用，其运算结果也为 True（真）或 False（假），因而也常用于构造判断条件。逻辑运算符的符号和含义见表 2-4。

表 2-4　逻辑运算符

符号	名称	含义
and	逻辑与	只有该运算符左右两侧的值都为 True 时才返回 True，否则返回 False
or	逻辑或	只有该运算符左右两侧的值都为 False 时才返回 False，否则返回 True
not	逻辑非	该运算符右侧的值为 True 时返回 False，为 False 时则返回 True

例如，仅在一件商品同时满足"整体评价是好评"和"价格不高于 20 元"这两个条件时，才输出"加入购物车"。演示代码如下：

```
1    rating = '好评'
2    price = 19.80
3    if (rating == '好评') and (price <= 20):
4        print('加入购物车')
5    else:
6        print('不加入购物车')
```

在第 3 行代码中，"and"运算符左右两侧的判断条件都加了括号，其实不加括号也能正常运行，但是加上括号能让代码更易于理解。

因为代码中设定的变量值同时满足"整体评价是好评"和"价格不高于20 元"这两个条件，所以运行结果如下：

```
1    加入购物车
```

如果把第 3 行代码中的"and"换成"or"，那么只要满足一个条件，就会输出"加入购物车"。

2.5　编码基本规范

为了让 Python 解释器能够准确地理解和执行代码，在编写代码时我们还需要遵守一些基本规范，其中比较重要的就是缩进和注释的规范。

2.5.1　缩进

缩进是 Python 最重要的代码编写规范之一，类似于 Word 文档中的首行缩进。如果缩进不规范，代码在运行时就会报错。先来看下面的代码：

```
1   x = 10
2   if x > 0:
3       print('正数')
4   else:
5       print('负数')
```

第 2～5 行代码是之后会讲到的 if 语句，它和 for 语句、while 语句一样，通过冒号和缩进来区分代码块之间的层级关系。因此，第 2 行和第 4 行代码末尾必须有冒号，第 3 行和第 5 行代码之前必须有缩进，否则运行时会报错。

Python 对缩进的要求非常严格，同一个层级的代码块，其缩进量必须一样。但 Python 并没有硬性规定具体的缩进量，默认以 4 个空格（即按 4 次空格键）作为缩进的基本单位。

此外，有时缩进不正确虽然不会导致运行错误，但是会导致 Python 解释器不能正确地理解代码块之间的层级关系，从而得不到我们想要的运行结果。因此，读者在阅读和编写代码时一定要注意其中的缩进。

2.5.2　注释

注释是对代码的解释和说明，Python 代码的注释分为单行注释和多行注释两种。

1．单行注释

单行注释以 "#" 号开头。单行注释可以放在被注释代码的后面，也可以作为单独的一行放在被注释代码的上方。放在被注释代码后的单行注释的演示代码如下：

```
1   a = 1
2   b = 2
3   if a == b:  # 注意表达式里是两个等号
4       print('a和b相等')
5   else:
6       print('a和b不相等')
```

运行结果如下：

```
1   a和b不相等
```

第 3 行代码中"#"号后的内容就是注释内容，它不参与程序的运行。上述代码中的注释可以修改为放在被注释代码的上方，演示代码如下：

```
1   a = 1
2   b = 2
3   # 注意表达式里是两个等号
4   if a == b:
5       print('a和b相等')
6   else:
7       print('a和b不相等')
```

为了增强代码的可读性，本书建议在编写单行注释时遵循以下规范：

▪ 单行注释放在被注释代码上方时，在"#"号之后先输入一个空格，再输入注释内容；

▪ 单行注释放在被注释代码后面时，"#"号和代码之间至少要有两个空格，"#"号与注释内容之间也要有一个空格。

2. 多行注释

当注释内容较多，放在一行中不便于阅读时，可使用多行注释。在 Python 中，使用三引号（3 个连续的单引号或双引号）创建多行注释。

用单引号形式的三引号创建多行注释的演示代码如下：

```
1    '''
2    这是多行注释，用3个单引号
3    这是多行注释，用3个单引号
4    这是多行注释，用3个单引号
5    '''
6    print('Hello, Python!')
```

第 1～5 行代码就是注释，不参与运行，所以运行结果如下：

```
1    Hello, Python!
```

用双引号形式的三引号创建多行注释的演示代码如下：

```
1    """
2    这是多行注释，用3个双引号
3    这是多行注释，用3个双引号
4    这是多行注释，用3个双引号
5    """
6    print('Hello, Python!')
```

第 1～5 行代码也是注释，不参与运行。

注释还有一个作用：在调试程序时，如果有暂时不需要运行的代码，不必将其删除，可以先将其转换为注释，等调试结束后再取消注释，这样能减少代码输入的工作量。

2.6　控制语句

Python 的控制语句分为条件语句（if 语句）和循环语句（for 语句和 while 语句）。本节将介绍本书会用到的 if 语句和 for 语句，以及它们的嵌套用法。

2.6.1　if 语句

if 语句主要用于根据条件是否成立执行不同的操作，其基本语法格式如下：

```
1    if  条件:  # 注意不要遗漏冒号
2        代码1  # 注意代码前要有缩进
3    else:  # 注意不要遗漏冒号
4        代码2  # 注意代码前要有缩进
```

在代码运行过程中，if 语句会判断其后的条件是否成立：如果成立，则执行代码 1；如果不成立，则执行代码 2。如果不需要在条件不成立时执行指定操作，可省略 else 以及其后的代码。

前面的学习其实已经多次接触到 if 语句，这里再做一个简单的演示，代码如下：

```
1    score = 85
2    if score >= 60:
3        print('及格')
4    else:
5        print('不及格')
```

因为变量 score 的值 85 满足"大于或等于 60"的条件，所以运行结果如下：

```
1    及格
```

如果有多个判断条件，可用 elif（"else if"的缩写）语句处理，演示代码如下：

```
1    score = 55
2    if score >= 80:
3        print('优秀')
4    elif (score >= 60) and (score < 80):
5        print('及格')
6    else:
7        print('不及格')
```

因为变量 score 的值 55 既不满足"大于或等于 80"的条件，也不满足"大于或等于 60 且小于 80"的条件，所以运行结果如下：

```
1    不及格
```

2.6.2 for 语句

for 语句常用于完成指定次数的重复操作，其基本语法格式如下：

```
1    for i in 序列:  # 注意不要遗漏冒号
2        要重复执行的代码  # 注意代码前要有缩进
```

演示代码如下：

```
1    class1 = ['李白', '王维', '孟浩然']
2    for i in class1:
3        print(i)
```

在上述代码的执行过程中，for 语句会依次取出列表 class1 中的元素并赋给变量 i，每取一个元素就执行一次第 3 行代码，直到取完所有元素为止。因为列表 class1 有 3 个元素，所以第 3 行代码会被重复执行 3 次，运行结果如下：

```
1    李白
2    王维
3    孟浩然
```

这里的 i 只是一个代号，可以换成其他变量。例如，将第 2 行代码中的 i 改为 j，则第 3 行代码就要相应改为 print(j)，得到的运行结果是一样的。

上述代码用列表作为控制循环次数的序列，还可以用字符串、字典等作为序列。如果序列是一个字符串，则 i 代表字符串中的字符；如果序列是一个字典，则 i 代表字典的键。

此外，Python 编程中还常用 range() 函数创建一个整数序列来控制循环次数，演示代码如下：

```
1    for i in range(3):
2        print('第', i + 1, '次')
```

　　range() 函数创建的序列默认从 0 开始，并且遵循"左闭右开"的规则：序列包含起始值，但不包含终止值。因此，第 1 行代码中的 range(3) 表示创建一个整数序列——0、1、2。

　　运行结果如下：

```
1    第 1 次
2    第 2 次
3    第 3 次
```

2.6.3　控制语句的嵌套

　　控制语句的嵌套是指在一个控制语句中包含一个或多个相同或不同的控制语句。可根据要实现的功能采用不同的嵌套方式，例如，for 语句中嵌套 for 语句，if 语句中嵌套 if 语句，for 语句中嵌套 if 语句，if 语句中嵌套 for 语句，等等。

　　先举一个在 if 语句中嵌套 if 语句的例子，演示代码如下：

```
1    math = 95
2    chinese = 80
3    if math >= 90:
4        if chinese >= 90:
5            print('优秀')
6        else:
7            print('加油')
8    else:
9        print('加油')
```

　　第 3～9 行代码为一个 if 语句，第 4～7 行代码也为一个 if 语句，后者嵌套在前者之中。这个嵌套结构的含义是：如果变量 math 的值大于或等于 90 且变量 chinese 的值大于或等于 90，则输出"优秀"；如果变量 math 的值大于或等于 90 且变量 chinese 的值小于 90，则输出"加油"；如果变量 math 的值小于 90，则无论变量 chinese 的值为多少，都输出"加油"。因此，代码的运行结果如下：

```
1    加油
```

下面再来看一个在 for 语句中嵌套 if 语句的例子，演示代码如下：

```
1   for i in range(3):
2       if i == 1:
3           print('加油')
4       else:
5           print('安静')
```

第 1～5 行代码为一个 for 语句，第 2～5 行代码为一个 if 语句，后者嵌套在前者之中。第 1 行代码中 for 语句和 range() 函数的结合使用让 i 的值依次变为 0、1、2，然后进入 if 语句，当 i 的值等于 1 时输出"加油"，否则输出"安静"。因此，代码的运行结果如下：

```
1   安静
2   加油
3   安静
```

2.7　函数

函数就是把具有独立功能的代码块组织成一个小模块，在需要时直接调用。函数又分为内置函数和自定义函数：内置函数是 Python 的开发者已经编写好的函数，用户可直接调用，如 print() 函数；自定义函数则是用户自行编写的函数。

2.7.1　内置函数

除了 print() 函数，Python 还有很多内置函数。下面介绍一些常用内置函数。

1. len() 函数

len() 函数在 2.2.3 节已介绍过，它能统计列表的元素个数，在实战中经常和 range() 函数一起使用，演示代码如下：

```
1   title = ['标题1', '标题2', '标题3']
```

```
2    for i in range(len(title)):
3        print(str(i+1) + '.' + title[i])
```

第 2 行代码中的 range(len(title)) 相当于 range(3)，因此，for 语句中的 i 会依次取值为 0、1、2，在生成标题序号时就要写成 i+1，并用 str() 函数转换成字符串，再用 "+" 运算符进行字符串拼接。运行结果如下：

```
1    1.标题1
2    2.标题2
3    3.标题3
```

len() 函数还能统计字符串的长度，即字符串中字符的个数，演示代码如下：

```
1    a = 'Office Automation简称OA。'
2    print(len(a))
```

运行结果如下，表示变量 a 所代表的字符串有 22 个字符。

```
1    22
```

2. replace() 函数

replace() 函数主要用于在字符串中进行查找和替换，其基本语法格式如下：

```
字符串.replace(要查找的内容, 要替换为的内容)
```

演示代码如下：

```
1    a = '<em>面朝大海, </em>春暖花开'
2    a = a.replace('<em>', '')
3    a = a.replace('</em>', '')
4    print(a)
```

在第 2 行和第 3 行代码中，replace() 函数的第 2 个参数的引号中没有任何内容，因此，这两行代码表示"将查找到的内容删除"。运行结果如下：

```
1    面朝大海，春暖花开
```

3. strip() 函数

strip() 函数的主要作用是删除字符串首尾的空白字符（包括空格、换行符、回车符和制表符），其基本语法格式如下：

```
字符串.strip()
```

演示代码如下：

```
1    a = '    Office Automation简称OA。      '
2    a = a.strip()
3    print(a)
```

运行结果如下：

```
1    Office Automation简称OA。
```

可以看到，字符串首尾的空格都被删除，字符串中间的空格则被保留。

4. split() 函数

split() 函数在 2.2.3 节已经介绍过，它的主要作用是按照指定的分隔符将字符串拆分为一个列表。这里再举一个例子，演示代码如下：

```
1    today = '2022-04-12'
2    a = today.split('-')
3    print(a)
```

运行结果如下：

```
1    ['2022', '04', '12']
```

如果想从拆分字符串得到的列表中提取年、月、日信息，可以通过如下代码实现：

```
1    a = today.split('-')[0]   # 提取列表的第1个元素，即年信息
2    a = today.split('-')[1]   # 提取列表的第2个元素，即月信息
3    a = today.split('-')[2]   # 提取列表的第3个元素，即日信息
```

2.7.2　自定义函数

内置函数的数量毕竟有限，只靠内置函数不可能实现我们需要的所有功能，因此，编程中常常需要将会频繁使用的代码编写为自定义函数。

1. 函数的定义与调用

在 Python 中使用 def 语句来定义一个函数，其基本语法格式如下：

```
1    def 函数名(参数):    # 注意不要遗漏冒号
2        实现函数功能的代码    # 注意代码前要有缩进
```

演示代码如下：

```
1    def y(x):
2        print(x + 1)
3    y(1)
```

第 1 行和第 2 行代码定义了一个函数 y()，该函数有一个参数 x，函数的功能是输出 x 的值与 1 相加的运算结果。第 3 行代码调用 y() 函数，并将 1 作为 y() 函数的参数。运行结果如下：

```
1    2
```

从上述代码可以看出，函数的调用很简单，只要输入函数名，如函数名 y，如果函数含有参数，如函数 y(x) 中的 x，那么在函数名后面的括号中输入参数的值即可。如果将上述第 3 行代码修改为 y(2)，那么运行结果就是 3。

定义函数时的参数称为形式参数，它只是一个代号，可以换成其他内容。例如，可以把上述代码中的 x 换成 z，演示代码如下：

```
1  def y(z):
2      print(z + 1)
3  y(1)
```

定义函数时也可以传入多个参数，演示代码如下：

```
1  def y(x, z):
2      print(x + z + 1)
3  y(1, 2)
```

因为第 1 行代码在定义函数时指定了两个参数 x 和 z，所以第 3 行代码在调用函数时就需要在括号中输入两个参数。运行结果如下：

```
1  4
```

定义函数时也可以不要参数，演示代码如下：

```
1  def y():
2      x = 1
3      print(x + 1)
4  y()
```

第 1～3 行代码在定义函数 y() 时没有要求输入参数，所以第 4 行代码直接输入 y() 就可以调用函数。运行结果如下：

```
1  2
```

2. 定义有返回值的函数

在前面的例子中，定义函数时仅用 print() 函数输出函数的运行结果，之后就无法使用这个结果了。如果之后还需要使用函数的运行结果，则在定义函数时要使用 return 语句来定义函数的返回值。演示代码如下：

```
1  def y(x):
```

```
2        return x + 1
3    a = y(1)
4    print(a)
```

第 1 行和第 2 行代码定义了一个函数 y()，函数的功能不是直接输出运算结果，而是将运算结果作为函数的返回值返回给调用函数的代码；第 3 行代码在执行时会先调用 y() 函数，并以 1 作为函数的参数，y() 函数内部使用参数 1 计算出 1+1 的结果为 2，再将 2 返回给第 3 行代码，赋给变量 a。运行结果如下：

```
1    2
```

3.　变量的作用域

简单来说，变量的作用域是指变量起作用的代码范围。具体到函数的定义，函数内使用的变量与函数外的代码是没有关系的，演示代码如下：

```
1    x = 1
2    def y(x):
3        x = x + 1
4        print(x)
5    y(3)
6    print(x)
```

请读者先思考一下：上述代码会输出什么内容呢？下面揭晓运行结果：

```
1    4
2    1
```

第 4 行和第 6 行代码同样是 print(x)，为什么输出的内容不一样呢？这是因为函数 y(x) 里面的 x 和外面的 x 没有关系。之前讲过，可以把 y(x) 换成 y(z)，演示代码如下：

```
1    x = 1
2    def y(z):
```

```
3      z = z + 1
4      print(z)
5   y(3)
6   print(x)
```

运行结果如下：

```
1   4
2   1
```

可以发现，两段代码的运行结果是一样的。y(z) 中的 z 或者说 y(x) 中的 x
只在函数内部生效，并不会影响外部的变量。正如前面所说，函数的形式参数
只是一个代号，属于函数内的局部变量，因此不会影响函数外部的变量。

第 **3** 章

爬虫技术基础

视频的剪辑与制作通常需要用到大量的视频、音频、图片等素材。除了自己拍摄和制作素材外，我们还可以利用爬虫技术从网站上爬取素材。

爬虫是指按照一定的规则从网页上自动抓取数据的代码或脚本，它能模拟浏览器对存储指定网页的服务器发起请求，从而获得网页的源代码，再从源代码中提取需要的数据。本章就来讲解爬虫技术的基础知识。

3.1　认识网页结构

　　浏览器中显示的网页是浏览器根据网页源代码渲染出来的。网页源代码规定了网页中要显示的文字、链接、图片等信息的内容和格式。为了从网页源代码中提取数据，需要分析网页的结构，找到数据的存储位置。因此，本节先来介绍网页源代码和网页结构的基础知识。

3.1.1　查看网页源代码

　　下面以谷歌浏览器为例，介绍两种查看网页源代码的方法。

1. 使用右键菜单查看网页源代码

　　在谷歌浏览器中使用百度搜索引擎搜索"当当"，❶在搜索结果页面的空白处右击，❷在弹出的快捷菜单中单击"查看网页源代码"命令，如下图所示。

　　随后会弹出一个窗口，显示当前网页的源代码，如下图所示。利用鼠标滚轮上下滚动页面，能够看到更多的源代码内容。

2. 使用开发者工具查看网页源代码

开发者工具是谷歌浏览器自带的一个数据挖掘利器，它能直观地指示网页元素和源代码的对应关系，帮助我们更快捷地定位数据。

在谷歌浏览器中使用百度搜索引擎搜索"当当"，然后按〈F12〉键，即可打开开发者工具，界面如下图所示。此时窗口的上半部分显示的是网页，下半部分默认显示的是"Elements"选项卡，该选项卡中的内容就是网页源代码。源代码中被"<>"括起来的文本称为网页元素，我们需要提取的数据就存放在这些网页元素中。

❶单击开发者工具左上角的元素选择工具按钮 ⬚，按钮变成蓝色，❷将鼠标指针移到窗口上半部分的任意一个网页元素（如百度的徽标）上，该元素会被突出显示，❸同时开发者工具中该元素对应的源代码也会被突出显示，如下图所示。

在实际应用中，常常会将上述两种方法结合使用。在这两种方法打开的界面中，都可以通过快捷键〈Ctrl+F〉打开搜索框，搜索和定位我们感兴趣的内容，

从而提高分析效率。

需要注意的是，使用这两种方法看到的网页源代码可能相同，也可能不同。两者的区别为：前者是网站服务器返回给浏览器的源代码，后者则是浏览器对网站服务器返回的源代码做了错误修正和动态渲染的结果。

如果使用这两种方法看到的网页源代码差别较大，则说明该网页做了动态渲染处理。对于未做动态渲染处理的网页和做了动态渲染处理的网页，获取网页源代码的方法是有区别的，后面会分别讲解。

3.1.2 初步了解网页结构

在开发者工具中显示网页源代码后，可以对网页结构进行初步了解。如下图所示，开发者工具中显示的网页源代码的左侧有多个三角形符号。一个三角形符号可以看成一个包含代码信息的框，框里面还嵌套着其他框，单击三角形符号可以展开或隐藏框中的内容。

```
▼<div id="s-top-left" class="s-top-left s-isindex-wrap">
    <a href="http://news.baidu.com" target="_blank" class="mnav c-font-normal c-color-t">新闻</a>
    <a href="https://www.hao123.com" target="_blank" class="mnav c-font-normal c-color-t">hao123</a>
    <a href="http://map.baidu.com" target="_blank" class="mnav c-font-normal c-color-t">地图</a>
    <a href="https://haokan.baidu.com/?sfrom=baidu-top" target="_blank" class="mnav c-font-normal c-color-t">视频</a>
    <a href="http://tieba.baidu.com" target="_blank" class="mnav c-font-normal c-color-t">贴吧</a>
    <a href="http://xueshu.baidu.com" target="_blank" class="mnav c-font-normal c-color-t">学术</a>
  ▼<div class="mnav s-top-more-btn">
      <a href="http://www.baidu.com/more/" name="tj_briicon" class="s-bri c-font-normal c-color-t" target="_blank">更多</a>
    ▼<div class="s-top-more" id="s-top-more">
        ▶<div class="s-top-more-content row-1 clearfix">…</div>
        ▶<div class="s-top-more-content row-2 clearfix">…</div>
        ▶<div class="s-top-tomore">…</div>
      </div>
    </div>
  </div>
▶<div id="u1" class="s-top-right s-isindex-wrap">…</div>
```

由此可见，网页的结构就相当于一个大框里嵌套着一个或多个中框，一个中框里嵌套着一个或多个小框，不同的框属于不同的层级。通过网页源代码前的缩进，我们可以很清晰地查看它们的层级关系。

3.1.3 网页结构的组成

 ◎ 代码文件：test.html

前面利用开发者工具查看了网页的源代码和基本结构，下面创建一个简单的网页，帮助大家进一步认识网页结构的基本组成。

启动 Jupyter Notebook，单击界面右上角的"New"按钮，在展开的列表中选择"Text File"选项，创建一个文本文件。在文件的编辑页面中将文件重命名为"test.html"，并在"Language"菜单中选择"HTML"选项，这样就创建了一个 HTML 文档。

HTML（HyperText Markup Language）是一种用于编写网页的编程语言。在代码编辑区输入如下图所示的 HTML 代码，搭建出一个网页的基本框架。

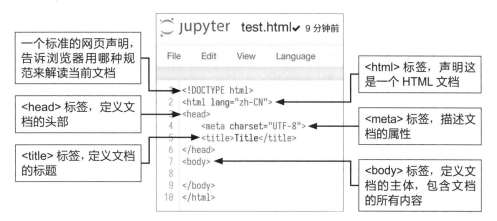

按快捷键〈Ctrl+S〉保存 HTML 文档，然后用谷歌浏览器打开该文档，会看到一个空白网页，这是因为 <body> 标签下还没有任何内容。如果要为网页添加内容元素，就要在 HTML 文档中添加对应元素的代码。

从前面展示的网页源代码可以看出，大部分网页元素是由格式类似"<×××> 文本内容 </×××>"的代码来定义的，这些代码称为 HTML 标签。下面就来介绍一些常用的 HTML 标签。

1. <div> 标签——定义区块

<div> 标签用于定义一个区块，表示在网页中划定一个区域来显示指定的内容。区块的宽度和高度分别用参数 width 和 height 来定义，区块边框的格式（如粗细、线型、颜色等）用参数 border 来定义，这些参数都存放在 style 属性下。

如下图所示，在"test.html"的 <body> 标签下方输入两行代码，添加两个 <div> 标签，即添加两个区块。

```
3  <head>
4      <meta charset="UTF-8">
5      <title>Title</title>
6  </head>
7  <body>
8  <div style="height:100px;width:100px;border:1px solid #100">第一个div</div>
9  <div style="height:100px;width:100px;border:3px solid #500">第二个div</div>
10 </body>
```

输入的代码定义了两个区块的宽度和高度均为 100 像素（100 px），但是区块的边框粗细和颜色不同，区块中的文本内容也不同。

保存文档后，再次用谷歌浏览器打开文档，并按〈F12〉键打开开发者工具查看网页源代码，效果如右图所示。可以看到，网页源代码经过浏览器的渲染后得到的网页中显示了两个边框粗细和颜色不同的正方形，正方形里的文本就是源代码中被 <div> 标签括起来的文本。

2. <ul> 标签、<ol> 标签和 <li> 标签——定义列表

<ul> 标签和 <ol> 标签分别用于定义无序列表和有序列表。<li> 标签位于 <ul> 标签或 <ol> 标签之下，用于定义列表中的条目，列表中有几个条目，就要书写几个 <li> 标签。

在 <body> 标签下添加一个 <div> 标签，再在 <div> 标签下添加 <ul>、<ol> 和 <li> 标签，如下左图所示。

用谷歌浏览器打开修改后的文档并用开发者工具查看源代码，效果如下右图所示。可以看到，无序列表中的 <li> 标签在网页中显示的项目符号默认为小圆点，有序列表中的 <li> 标签在网页中显示的序号默认为数字序列。

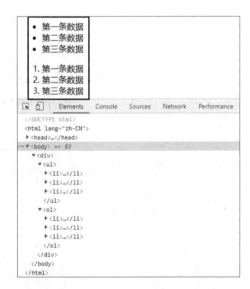

3. <h> 标签——定义标题

<h> 标签用于定义标题，它细分为 <h1> 到 <h6> 共 6 个标签，所定义的标题的字号从大到小依次变化。

在 <body> 标签下添加 <h> 标签的代码，如下左图所示。用谷歌浏览器打开修改后的文档并用开发者工具查看源代码，效果如下右图所示。

4. <p> 标签——定义段落

<p> 标签用于定义段落。不设置样式时，一个 <p> 标签的内容在网页中显示为一行。

在 <body> 标签下添加 <p> 标签的代码，如下左图所示。用谷歌浏览器打开修改后的文档并用开发者工具查看源代码，效果如下右图所示。

5. <img> 标签——定义图片

<img> 标签用于显示图片，src 属性指定图片的网址，alt 属性指定在图片无法正常加载时显示的替换文本。

在 <body> 标签下添加 <img> 标签的代码，如下图所示。

```
1  <!DOCTYPE html>
2  <html lang="zh-CN">
3  <head>
4      <meta charset="UTF-8">
5      <title>Title</title>
6  </head>
7  <body>
8  <img src="https://www.baidu.com/img/PCtm_d9c8750bed0b3c7d089fa7d55720d6cf.png" alt="百度">
9  </body>
10 </html>
```

用谷歌浏览器打开修改后的文档并用开发者工具查看源代码，效果如下图所示。

6. <a> 标签——定义链接

<a> 标签用于定义链接。在网页中单击链接，可以跳转到 <a> 标签的 href 属性指定的页面地址。

在 <body> 标签下添加 <a> 标签的代码，如下左图所示。用谷歌浏览器打开修改后的文档并用开发者工具查看源代码，效果如下右图所示。此时如果单击网页中的链接文字"百度的链接"，会跳转到百度搜索引擎的首页。

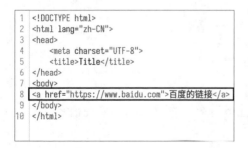

7. <span> 标签——定义行内元素

<span> 标签用于定义行内元素，以便为不同的元素设置不同的格式。例如，在一段连续的文本中将一部分文本加粗，为另一部分文本添加下划线，等等。

在 <body> 标签下添加 <span> 标签的代码，如下左图所示。用谷歌浏览器打开修改后的文档并用开发者工具查看源代码，效果如下右图所示。可以看到两个 <span> 标签中的文本显示在同一行，并且由于没有设置样式，两部分文本的视觉效果没有任何差异。

3.1.4 百度新闻页面结构剖析

通过前面的学习，相信大家对网页的结构和源代码已经有了基本的认识。下面对百度新闻的页面结构进行剖析，帮助大家进一步理解各个HTML标签的作用。

在谷歌浏览器中打开百度新闻体育频道（https://news.baidu.com/sports），然后按〈F12〉键打开开发者工具，在"Elements"选项卡下查看网页源代码，如下图所示。其中 <body> 标签下存放的就是该网页的主要内容，包括 4 个 <div> 标签和一些 <style> 标签、<script> 标签。

这里重点查看 4 个 \<div\> 标签。在网页源代码中分别单击前 3 个 \<div\> 标签，可以在窗口的上半部分看到分别在网页中选中了 3 块区域，如下图所示。

　　单击第 4 个 \<div\> 标签，可看到选中了网页底部的区域，如下图所示。

　　单击每个 \<div\> 标签前方的折叠 / 展开按钮，可以看到该 \<div\> 标签下的标签，可能是另一个 \<div\> 标签，也可能是 \<ul\> 标签、\<li\> 标签等，如下图所示，这些标签同样可以继续展开。这样一层层地剖析，就能大致了解网页的结构组成和源代码之间的对应关系。

前面介绍 <a> 标签时定义的是一个文字链接，而许多网页源代码中的 <a> 标签下还包含 <img> 标签，这表示该链接是一个图片链接。下图所示为百度新闻页面中的一个图片链接及其对应的源代码，在网页中单击该图片，就会跳转到 <a> 标签中指定的网址。

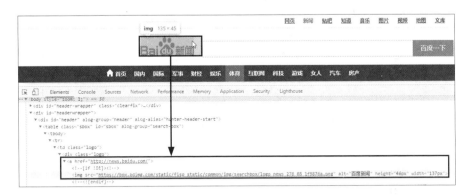

经过剖析可以发现，百度新闻页面中的新闻标题和链接基本是由大量 <li> 标签下嵌套的 <a> 标签定义的。取出 <a> 标签的文本和 href 属性值，就能得到每条新闻的标题和详情页链接。

读者可以在谷歌浏览器中打开其他网页，然后用开发者工具分析网页源代码。多做这种练习，有助于更好地理解网页的结构组成，对后面学习数据爬取有很大帮助。

3.2　Requests 模块

前面介绍了如何在浏览器中获取和查看网页的源代码，那么如何在 Python 中获取网页的源代码呢？这里介绍 Python 的一个第三方模块 Requests，它可以模拟浏览器发起网络请求，从而获取网页源代码。该模块的安装命令为 "pip install requests"。

发起网络请求、获取网页源代码主要使用的是 Requests 模块中的 get() 函数。本节将介绍用 get() 函数获取数据的 3 种方式。

3.2.1　获取静态网页的源代码

静态网页是指设计好后其内容就不再变动的网页，所有用户访问该网页时看到的页面效果都一样。对于这种网页可以直接请求源代码，然后对源代码进行数据解析，就能获得想要的数据。

下面以百度首页为例讲解用 get() 函数获取静态网页源代码的方法，演示代码如下：

```
1  import requests
2  url = 'https://www.baidu.com'
3  headers = {'User-Agent': 'Mozilla/5.0 (Windows NT 10.0;
   Win64; x64) AppleWebKit/537.36 (KHTML, like Gecko)
   Chrome/96.0.4664.45 Safari/537.36'}
4  response = requests.get(url=url, headers=headers)
5  result = response.text
6  print(result)
```

第 1 行代码用于导入 Requests 模块。

第 2 行代码将百度首页的网址赋给变量 url。需要注意的是，网址要完整。可以在浏览器中访问要获取网页源代码的网址，成功打开页面后，复制地址栏中的完整网址，粘贴到代码中。

第 3 行代码中的变量 headers 是一个字典，它只有一个键值对：键为 'User-Agent'，意思是用户代理；值代表以哪种浏览器的身份访问网页，不同浏览器的 User-Agent 值不同，这里使用的是谷歌浏览器的 User-Agent 值。

技巧　获取浏览器的 User-Agent 值

这里以谷歌浏览器为例讲解获取 User-Agent 值的方法。打开谷歌浏览器，在地址栏中输入"chrome://version"（注意要用英文冒号），按〈Enter〉键，在打开的页面中找到"用户代理"项，后面的字符串就是 User-Agent 值，如下图所示。

第 4 行代码使用 Requests 模块中的 get() 函数对指定的网址发起请求，服务器会根据请求的网址返回一个响应对象。参数 url 用于指定网址，参数

headers 则用于指定以哪种浏览器的身份发起请求。如果省略参数 headers，对有些网页也能获得源代码，但是对相当多的网页则会爬取失败，因此，最好不要省略该参数。

技巧 get() 函数的其他常用参数

除了 url 和 headers，get() 函数还有其他参数，最常用的是 params、timeout、proxies。在实践中可根据遇到的问题添加对应的参数。

参数 params 用于在发送请求时携带动态参数。该参数值的获取方法将在 3.2.2 节进行介绍。

参数 timeout 用于设置请求超时的时间。由于网络传输不畅等原因，不是每次请求都能被网站服务器接收到，如果经过一定时间未收到服务器的响应，Requests 模块会重复发起同一个请求，多次请求未成功就会报错，程序停止运行。如果不设置参数 timeout，程序可能会挂起很长时间来等待响应结果的返回。

参数 proxies 用于为爬虫程序设置代理 IP 地址。网站服务器在接收请求的同时可以获知发起请求的计算机的 IP 地址。如果服务器检测到同一 IP 地址在短时间内发起了大量请求，就会认为该 IP 地址的用户是爬虫程序，并对该 IP 地址的访问采取限制措施。使用参数 proxies 为爬虫程序设置代理 IP 地址，代替本地计算机发起请求，就能绕过服务器的限制措施。

第 5 行代码通过响应对象的 text 属性获取网页源代码。

第 6 行代码使用 print() 函数输出获得的网页源代码。

运行上述代码，即可输出百度首页的源代码，如下图所示。

```
<!DOCTYPE html><!--STATUS OK-->

  <html><head><meta http-equiv="Content-Type" content="text/html;charset=utf-8"><meta http-equiv="X-UA-Compatible" content="IE=edge,
chrome=1"><meta content="always" name="referrer"><meta name="theme-color" content="#ffffff"><meta name="description" content="全球领先的
中文搜索引擎、致力于让网民更便捷地获取信息，找到所求。百度超过千亿的中文网页数据库，可以瞬间找到相关的搜索结果。"><link rel="shortcut icon"
href="/favicon.ico" type="image/x-icon"><link rel="search" type="application/opensearchdescription+xml" href="/content-search.xml"
title="百度搜索" /><link rel="icon" sizes="any" mask href="//www.baidu.com/img/baidu_85beaf5496f291521eb75ba38eacbd87.svg"><link
rel="dns-prefetch" href="//dss0.bdstatic.com"/><link rel="dns-prefetch" href="//dss1.bdstatic.com"/><link rel="dns-prefetch" href="//ss1
.bdstatic.com"/><link rel="dns-prefetch" href="//sp0.baidu.com"/><link rel="dns-prefetch" href="//sp1.baidu.com"/><link
rel="dns-prefetch" href="//sp2.baidu.com"/><title>百度一下，你就知道</title><style index="new1" type="text/css">#form .bdsug{top:39px}
.bdsug{display:none;position:absolute;width:535px;background:#fff;border:1px solid #ccc!important;_overflow:hidden;box-shadow:1px 1px
3px #ededed;-webkit-box-shadow:1px 1px 3px #ededed;-moz-box-shadow:1px 1px 3px #ededed;-o-box-shadow:1px 1px 3px #ededed}.bdsug
li{width:519px;color:#000;font:14px arial;line-height:25px;padding:0 8px;position:relative;cursor:default}.bdsug li
.bdsug-s{background:#f0f0f0}.bdsug-store span,.bdsug-store b{color:#7A77C8}.bdsug-store-del{font-size:12px;color:#666;
text-decoration:underline;position:absolute;right:8px;top:0;cursor:pointer;display:none}.bdsug-s .bdsug-store-del{display:inline-block}
```

有时用 Python 获得的网页源代码中会有多处乱码，这些乱码原本应该是中文字符，但是由于 Python 获得的网页源代码的编码格式和网页实际的编码格式不一致，从而显示为乱码。要解决乱码问题，需要分析编码格式，并重新编码和解码。

以获取新浪网首页（https://www.sina.com.cn）的网页源代码为例，演示代码如下：

```
1  import requests
2  url = 'https://www.sina.com.cn'
3  headers = {'User-Agent': 'Mozilla/5.0 (Windows NT 10.0;
   Win64; x64) AppleWebKit/537.36 (KHTML, like Gecko)
   Chrome/96.0.4664.45 Safari/537.36'}
4  response = requests.get(url=url, headers=headers)
5  result = response.text
6  print(result)
```

代码运行结果如下图所示，可以看到其中有多处乱码。

```
<!DOCTYPE html>
<!-- [ published at 2021-11-29 14:24:01 ] -->
<html>
<head>
    <meta http-equiv="Content-type" content="text/html; charset=utf-8" />
    <meta http-equiv="X-UA-Compatible" content="IE=edge" />
    <title>æ °æµ°é¦ é¡µ</title>
    <meta name="keywords" content="æ °æµ°,æ °æµ°c% ,SINA,sina,sina.com.cn,æ °æµ°é¦ é¡µ,é ¨æ ·,åµ é°¨¨" />
    <meta name="description"
content="æ °æµ°c% å.ºå ¨c ¨c ¨æ -24
å° æ ¶æ  åX å °é¢å  æ ¶c  æ ·æ åµ é°¨¨X å  åºä±å  ç å Xå åµ ç³ å  æ ¶é ¶å ºX å  åµ ºå å ±¹ ¶ æ å¤±¹¢c- 30
å° å  å§å.åµ é°¨¨å  ç "å¡é¨ ´c- X% å°ºæ æ °é ¨å  3X æ ²å å ±¹ å  å ´¹c³ å  c§ å  æ  åµ¿¶ å¤X% ¢c- 30
åµ å.ºå å ¶ å  ¶X å  ¶åX å°ºå åµ±¹ å  å¤å  ç· è å°c æ³å å "å¤mem.c §æ° â  å  " ">
    <meta content="always" name="referrer">
    <meta http-equiv="Content-Security-Policy" content="upgrade-insecure-requests" />
```

为解决乱码问题，先查看网页实际的编码格式。用谷歌浏览器打开新浪网首页，按〈F12〉键打开开发者工具，展开位于网页源代码开头部分的 <head> 标签（该标签主要用于存储编码格式、网页标题等信息），如下图所示。该标签下的 <meta> 标签中的参数 charset 对应的就是网页实际的编码格式，可以看到新浪网首页的实际编码格式为 UTF-8。

```
Elements   Console   Sources   Network   Performance   Memory   Application   Security   Lighthouse
<!DOCTYPE html>
<!-- [ published at 2021-11-29 14:27:01 ] -->
<html>
▼<head>
    <script type="text/javascript" async src="https://ssl.google-analytics.com/ga.js"></script>
    <script charset="utf-8" src="//www.sinaimg.cn/qc/js/brandlist.min.js"></script>
    <script id="sinaere-script" charset="utf-8" src="//d1.sina.com.cn/litong/zhitou/sinaads/text/e-recommendation/release/sinaere.js"></script>
    <script type="text/javascript" charset="utf-8" src="//tech.sina.com.cn/other/src/sinaheimao.js"></script>
    <script src="https://d5.sina.com.cn/litong/zhitou/wenjing28/js/postMan.js"></script>
    <meta http-equiv="Content-type" content="text/html; charset=utf-8 > == $0
    <meta http-equiv="X-UA-Compatible" content="IE=edge">
    <title>新浪首页</title>
```

接着利用响应对象的 encoding 属性查看 Python 获得的网页源代码的编码格式，演示代码如下：

```
1   import requests
2   url = 'https://www.sina.com.cn'
3   headers = {'User-Agent': 'Mozilla/5.0 (Windows NT 10.0;
    Win64; x64) AppleWebKit/537.36 (KHTML, like Gecko)
    Chrome/96.0.4664.45 Safari/537.36'}
4   response = requests.get(url=url, headers=headers)
5   print(response.encoding)
```

代码运行结果如下：

```
1   ISO-8859-1
```

可以看到，Python 获得的网页源代码的编码格式为 ISO-8859-1，与网页的实际编码格式 UTF-8 不一致。UTF-8 和 ISO-8859-1 都是文本的编码格式，前者支持中文字符，而后者属于单字节编码，适用于英文字符，无法正确显示中文字符，这就是 Python 获得的网页源代码里中文字符显示为乱码的原因。

要解决乱码问题，可以通过为响应对象的 encoding 属性赋值来指定正确的编码格式。演示代码如下：

```
1   import requests
2   url = 'https://www.sina.com.cn'
3   headers = {'User-Agent': 'Mozilla/5.0 (Windows NT 10.0;
    Win64; x64) AppleWebKit/537.36 (KHTML, like Gecko)
    Chrome/96.0.4664.45 Safari/537.36'}
4   response = requests.get(url=url, headers=headers)
5   response.encoding = 'utf-8'
6   result = response.text
7   print(result)
```

前面在开发者工具中看到网页的实际编码格式为 UTF-8，所以第 5 行代码将响应对象的 encoding 属性赋值为 'utf-8'。

代码运行结果如下图所示，可以看到成功解决了乱码问题。

```
<!DOCTYPE html>
<!-- [ published at 2021-11-29 14:33:01 ] -->
<html>
<head>
    <meta http-equiv="Content-type" content="text/html; charset=utf-8" />
    <meta http-equiv="X-UA-Compatible" content="IE=edge" />
    <title>新浪首页</title>
    <meta name="keywords" content="新浪,新浪网,SINA,sina,sina.com.cn,新浪首页,门户,资讯" />
    <meta name="description" content="新浪网为全球用户24小时提供全面及时的中文资讯，内容覆盖国内外突发新闻事件、体坛赛事、娱乐时尚、产业资讯、实用信息等，设有新闻、体育、娱乐、财经、科技、房产、汽车等30多个内容频道，同时开设博客、视频、论坛等自由互动交流空间。" />
    <meta content="always" name="referrer" />
    <meta http-equiv="Content-Security-Policy" content="upgrade-insecure-requests" />
```

除了 UTF-8，中文网页常见的编码格式还有 GBK 和 GB2312。对于使用这两种编码格式的网页，可将上述第 5 行代码中的 'utf-8' 修改为 'gbk'。

除了利用开发者工具查看网页的实际编码格式，还可以通过调用响应对象的 apparent_encoding 属性，让 Requests 模块根据网页内容自动推测编码格式，再将推测结果赋给响应对象的 encoding 属性，即将上述第 5 行代码修改为如下代码：

```
1    response.encoding = response.apparent_encoding
```

3.2.2　获取动态加载网页的源代码

一般来说，在向下滚动网页的过程中，如果网页中会自动加载新的内容，但是地址栏中的网址没有发生变化，那么这个网页就是动态加载的。

下面以开源中国博客频道（https://www.oschina.net/blog）为例讲解用 get() 函数获取动态加载网页源代码的方法。3.2.1 节中讲过，get() 函数在发送请求时通过参数 params 携带动态参数，这些参数可以用开发者工具获取。

用谷歌浏览器打开目标网址，然后打开开发者工具。❶切换到"Network"选项卡，❷单击"Fetch/XHR"按钮，如果在选项卡中看不到内容，则按〈F5〉键刷新页面，❸随后会筛选出多个条目，如下图所示。

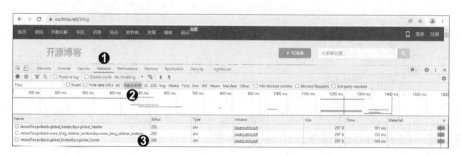

　　继续向下滚动页面，加载出新的内容，❶可看到原有条目下方出现一个新条目，单击该条目，❷在右侧切换到 "Headers" 选项卡，❸找到 "General" 栏目，其中 "Request URL" 参数的值就是请求动态加载内容的网址，这里为 https://www.oschina.net/blog/widgets/_blog_index_recommend_list?classification=0&p=2&type=ajax，如下图所示。

　　根据 "?" 将网址拆分成两部分：第 1 部分 https://www.oschina.net/blog/widgets/_blog_index_recommend_list 是请求动态加载内容的接口地址；第 2 部分 classification=0&p=2&type=ajax 则是动态参数，再根据 "&" 进行拆分，便可得到各个动态参数的名称和值。

　　此外，❶切换到 "Headers" 选项卡右侧的 "Payload" 选项卡，❷在 "Query String Parameters" 栏目下也能看到各个动态参数的名称和值。

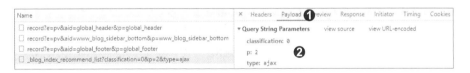

　　有了接口地址和动态参数，就可以用 get() 函数获取动态网页的源代码了，演示代码如下：

```
1  import requests
2  url = 'https://www.oschina.net/blog/widgets/_blog_index_
   recommend_list'
3  headers = {'User-Agent': 'Mozilla/5.0 (Windows NT 10.0;
   Win64; x64) AppleWebKit/537.36 (KHTML, like Gecko)
   Chrome/96.0.4664.45 Safari/537.36'}
4  params = {'classification': '0', 'p': '2', 'type': 'ajax'}
5  response = requests.get(url=url, headers=headers, params
   =params)
6  result = response.text
7  print(result)
```

第 2 行代码将请求的网址设置为前面获得的接口地址。

第 4 行代码将前面获得的动态参数存储为一个字典，字典的键为动态参数的名称，对应的值为动态参数的值。

第 5 行代码将动态参数通过参数 params 传入。

运行上述代码，即可输出包含动态加载内容的网页源代码，如下图所示。

```
<div class="ui very relaxed items list-container blog-list-container">

<div class="item blog-item" data-id="5321308">
  <div class="content">
    <a class="header" href="https://my.oschina.net/openeuler/blog/5321308" target="_blank"
      title="倪光南院士：欧拉与鸿蒙协同发展构建未来操作系统新生态">
      倪光南院士：欧拉与鸿蒙协同发展构建未来操作系统新生态
                                          <div class="ui orange label horizontal" data-tooltip="推荐">荐</div>
                                          <div class="ui brown label horizontal" data-tooltip="转载">转</div>
                              </a>
    <div class="description">
      <p class="line-clamp">近年来,产业界在国家政策方针的指导下,在相关部门的带领下,通过产业链协同共建,通过开源共享的方式,打通操作系统产业"政产研学用"各环节,形
成了有效合力,极大地促进了我国操作系...</p>
    </div>
    <div class="extra">
      <div class="ui horizontal list">
        <div class="item"><a href="https://my.oschina.net/openeuler" target="_blank">openEuler</a><span class="org-label org-label--simple " data-tooltip="认
```

3.2.3 获取图片

前面获取的网页源代码是文本，所以用 get() 函数获取响应对象后，再用响应对象的 text 属性提取网页源代码。如果想要获取图片，因为图片是二进制文件，所以不能用 text 属性来提取，而要用 content 属性来提取。演示代码如下：

```
1  import requests
2  url = 'http://pic.qqbizhi.com/allimg/bpic/55/2055_19.jpg'
3  headers = {'User-Agent': 'Mozilla/5.0 (Windows NT 10.0;
   Win64; x64) AppleWebKit/537.36 (KHTML, like Gecko)
   Chrome/96.0.4664.45 Safari/537.36'}
4  response = requests.get(url=url, headers=headers)
5  contents = response.content
6  with open('E:/图片.jpg', 'wb') as fp:
7      fp.write(contents)
```

第 2 行代码给出要爬取的图片的网址。

第 4 行代码同样用 get() 函数请求网址，获取响应对象。

第 5 行代码使用 content 属性从响应对象中提取图片的二进制字节码。

第 6 行代码用 Python 内置的 open() 函数打开一个文件。函数的第 1 个参

数代表文件的路径，可以使用绝对路径或相对路径，这里的 'E:/图片.jpg' 表示
将图片保存在文件夹"E:\"中，文件名为"图片.jpg"。函数的第 2 个参数代
表打开文件的模式，这里的 'wb' 表示以二进制模式打开一个文件用于写入内容。
如果该文件已存在，则打开文件时会清除原有内容。如果该文件不存在，则创
建一个新文件。open() 函数会返回一个文件对象，这里将其赋给变量 fp。需要
注意的是，这里没有用"="号来赋值，而是采用"with...as..."的写法，这是
为了保证在后续操作中无论是否出错，文件都能被正确地关闭。

第 7 行代码使用文件对象 fp 的
write() 函数将提取到的二进制字节码
写入文件。

运行上述代码后，在文件夹"E:\"
下会生成文件"图片.jpg"，打开该图
片，效果如右图所示，说明爬取成功。

技巧　Python 中的路径

Python 中的路径分为绝对路径和相对路径两种：绝对路径是指以根文件夹为
起点的完整路径，Windows 以"C:\""D:\"等作为根文件夹，Linux 和 macOS 则
以"/"作为根文件夹；相对路径是指相对于当前工作目录的路径，在 Python 中，
当前工作目录是指当前运行的代码文件所在的文件夹。

以 Windows 为例，假设当前运行的代码文件位于文件夹"D:\Python\03"下，
该文件夹下还有一张图片"pic.png"，那么该图片的绝对路径是"D:\Python\03\pic.
png"，相对路径是"pic.png"。

需要注意的是，Windows 中路径的分隔符是"\"，该字符在 Python 中有特殊
含义（如"\n"表示换行），因此，在代码中书写 Windows 路径字符串时需加上字
母 r 的前缀，或者用"\\"或"/"代替"\"，演示代码如下：

```
1    r'D:\Python\03\pic.png'
2    'D:\\Python\\03\\pic.png'
3    'D:/Python/03/pic.png'
```

以上 3 种书写格式，读者可根据自己的习惯任意选用一种。本书主要使用第 3
种格式。

3.3 正则表达式

用 Requests 模块获取网页源代码只是完成了爬虫任务的第一步，接下来还需要从网页源代码中提取数据。如果包含数据的网页源代码文本具有一定的规律，那么可以使用正则表达式对字符串进行匹配，从而提取出需要的数据。

3.3.1 正则表达式基础知识

正则表达式用于对字符串进行匹配操作，符合正则表达式逻辑的字符串能被匹配并提取出来。Python 内置了用于处理正则表达式的 re 模块。

组成正则表达式的字符分为普通字符和元字符两种基本类型。

普通字符是指仅能描述其自身的字符，因而只能匹配与其自身相同的字符。普通字符包含字母（包括大写字母和小写字母）、汉字、数字、部分标点符号等。

元字符是指一些专用字符，它不像普通字符那样按照其自身进行匹配，而是具有特殊的含义。表 3-1 列出了一些常用的元字符。

表 3-1　常用的元字符

元字符	含义
\w	匹配数字、字母、下划线、汉字
\W	匹配非数字、字母、下划线、汉字
\s	匹配任意空白字符
\S	匹配任意非空白字符
\d	匹配数字
\D	匹配非数字
.	匹配任意字符（换行符 "\r" 和 "\n" 除外）
^	匹配字符串的开始位置
$	匹配字符串的结束位置
*	匹配该元字符的前一个字符任意次数（包括 0 次）
?	匹配该元字符的前一个字符 0 次或 1 次
\	转义字符，可使其后的一个元字符失去特殊含义，匹配字符本身
( )	( ) 中的表达式称为一个组，组匹配到的字符能被取出

（续）

元字符	含义
[]	规定一个字符集，字符集范围内的所有字符都能被匹配到
|	将匹配条件进行"逻辑或"运算

编写正则表达式就是利用普通字符和元字符组合出一定的规则。按照这个规则在网页源代码中进行匹配，就能筛选出符合要求的字符串。下面通过两个简单的实例讲解如何用正则表达式从字符串中提取信息。

1. "\s"和"\S"的用法

演示代码如下：

```
1    import re
2    str = '123Qwe!_@#你我他\t \n\r'
3    result1 = re.findall('\s', str)
4    result2 = re.findall('\S', str)
5    print(result1)
6    print(result2)
```

第 1 行代码导入用于处理正则表达式的 re 模块。

第 2 行代码将一个字符串赋给变量 str。

第 3 行和第 4 行代码用 re 模块中的 findall() 函数从字符串 str 中提取信息，3.3.2 节将详细介绍该函数的用法。第 3 行代码用于在字符串 str 中匹配所有空白字符，如空格、换行符（\r 和 \n）、制表符（\t）。第 4 行代码用于在字符串 str 中匹配所有非空白字符。

代码运行结果如下：

```
1    ['\t', ' ', '\n', '\r']
2    ['1', '2', '3', 'Q', 'w', 'e', '!', '_', '@', '#', '你',
     '我', '他']
```

2. "." "?" "*"的用法

演示代码如下：

```
1   import re
2   str = 'abcaaabb'
3   result1 = re.findall('a.b', str)
4   result2 = re.findall('a?b', str)
5   result3 = re.findall('a*b', str)
6   result4 = re.findall('a.*b', str)
7   result5 = re.findall('a.*?b', str)
8   print(result1)
9   print(result2)
10  print(result3)
11  print(result4)
12  print(result5)
```

"."用于匹配除了换行符以外的任意字符，"*"用于匹配 0 个或多个字符，"."和"*"组合后的匹配规则".*"称为贪婪匹配。之所以叫贪婪匹配，是因为它会匹配到过多的内容。如果再加上"?"，构成".*?"，就变成了非贪婪匹配，能较精确地匹配到想要的内容。3.3.2 节将详细介绍非贪婪匹配。

代码运行结果如下：

```
1   ['aab']
2   ['ab', 'ab', 'b']
3   ['ab', 'aaab', 'b']
4   ['abcaaabb']
5   ['ab', 'aaab']
```

3.3.2　使用正则表达式提取数据

学会了正则表达式的编写方法，就可以利用 re 模块在网页源代码中提取数据。本节主要介绍 re 模块中的 findall() 函数，它能返回匹配正则表达式的所有字符串。

在编写正则表达式前，需要先了解一些非贪婪匹配的知识。3.3.1 节已经使用".*?"形式的非贪婪匹配对数据进行了简单的提取，其实还有一种非贪婪匹配形式是"(.*?)"。下面详细介绍这两种匹配方式的用法。

"*?"用于代替两个文本之间的所有内容，其语法格式如下：

文本A.*?文本B

之所以使用"*?"，是因为两个文本之间的内容经常变动或没有规律，无法写到匹配规则里，或者两个文本之间的内容较多，我们不想写到匹配规则里。

"(.*?)"用于提取两个文本之间的内容，其语法格式如下：

文本A(.*?)文本B

结合使用 findall() 函数、"*?"和"(.*?)"提取文本的演示代码如下：

```
1  import re
2  source = '<h2>文本A<变化的网址>文本B新闻标题</h2>'
3  p_title = '<h2>文本A.*?文本B(.*?)</h2>'
4  title = re.findall(p_title, source)
5  print(title)
```

第 2 行代码给出要提取文本的字符串。

第 3 行代码使用非贪婪匹配"*?"和"(.*?)"编写了一个正则表达式作为匹配规则。文本 A 和文本 B 之间为变化的网址，用"*?"代表。需要提取的是文本 B 和 </h2> 之间的内容，用"(.*?)"代表。

第 4 行代码使用 findall() 函数根据第 3 行代码中的正则表达式，在第 2 行代码给出的字符串中进行文本匹配和提取。

代码运行结果如下：

```
1  ['新闻标题']
```

下面编写一个简单的爬虫程序，从博客园首页（https://www.cnblogs.com）爬取热门博客标题。

先用 Requests 模块获取网页源代码，演示代码如下：

```
1  import requests
```

```
2    headers = {'User-Agent': 'Mozilla/5.0 (Windows NT 10.0;
     Win64; x64) AppleWebKit/537.36 (KHTML, like Gecko)
     Chrome/96.0.4664.45 Safari/537.36'}
3    url = 'https://www.cnblogs.com'
4    response = requests.get(url=url, headers=headers)
5    result = response.text
6    print(result)
```

运行以上代码后，可得到如下图所示的网页源代码。

```
<!DOCTYPE html>
<html lang="zh-cn">
<head>
    <meta charset="utf-8" />
    <meta name="viewport" content="width=device-width, initial-scale=1" />
    <meta name="referrer" content="always" />
    <meta http-equiv="X-UA-Compatible" content="IE=edge" />
    <title>博客园 - 开发者的网上家园</title>
        <meta name="keywords" content="开发者,程序员,博客园,程序猿,程序猴,极客,码农,编程,代码,软件开发,开源,IT网站,技术社区,Developer,Programmer,Coder,
Geek,Coding,Code" />
        <meta name="description" content="博客园是一个面向开发者的知识分享社区。自创建以来，博客园一直秉力并专注于为开发者打造一个纯净的技术交流社区，推动并帮
助开发者通过互联网分享知识，从而让更多开发者从中受益。博客园的使命是帮助开发者用代码改变世界。" />
        <link rel="shortcut icon" href="//common.cnblogs.com/favicon.ico?v=20200522" type="image/x-icon" />
        <link rel="Stylesheet" type="text/css" href="/css/aggsite-new.min.css?v=od-uCO1JDPS0DrCRWGfzoNY7jVN0uPKcwZySOf0ezHA" />
        <link rel="Stylesheet" type="text/css" href="/css/aggsite-mobile-new.min.css?v=r6EFLx4GwoOb7W2KN2mZRX9pyrUBVKma1ilCSpxvJdQ" media="only screen
and (max-width: 767px)" />
```

然后编写正则表达式，并使用 findall() 函数从网页源代码中提取热门博客的标题。要编写出正确的正则表达式，需要观察包含目标数据的网页源代码，找出其规律。利用开发者工具可以便捷地完成这项任务。

用谷歌浏览器打开博客园首页，然后打开开发者工具，用元素选择工具定位首页中的任意一条热门博客标题，查看该标题的网页源代码，如下图所示。

```
Elements    Console    Sources    Network    Performance    Memory    Application    Security    Lighthouse
▼<article class="post-item">
  ▼<section class="post-item-body">
    ▼<div class="post-item-text">
        <a class="post-item-title" href="https://www.cnblogs.com/mzq123/p/13639504.html" target="_blank">SpringCloud系列之分布式配置中心极
速入门与实践</a> == $0
      ▶<p class="post-item-summary">...</p>
    </div>
```

用相同方法定位其他热门博客标题的网页源代码，如下图所示。

```
Elements    Console    Sources    Network    Performance    Memory    Application    Security    Lighthouse
▼<article class="post-item">
  ▼<section class="post-item-body">
    ▼<div class="post-item-text">
        <a class="post-item-title" href="https://www.cnblogs.com/exzlc/p/13639452.html" target="_blank">一文搞懂高频面试题之限流算法，从算法
原理到实现，再到对比分析</a> == $0
      ▶<p class="post-item-summary">...</p>
    </div>
```

经过对比和总结，可以发现热门博客标题的网页源代码有如下规律：

<a class="post-item-title" href="网址" target="_blank">标题</a>

接着以 Requests 模块获取的网页源代码为依据，对规律进行核准，确认规律有效后，编写出用正则表达式提取博客标题的代码，具体如下：

```
1  import re
2  p_title = '<a class="post-item-title" href=".*?" target=
   "_blank">(.*?)</a>'
3  title = re.findall(p_title, result, re.S)
4  print(title)
```

第 2 行代码是根据前面总结出的规律编写的正则表达式。其中 href 属性的值为变化的网址，用 ".*?" 表示；要提取的是 "target="_blank">" 和 "</a>" 之间的内容，用 "(.*?)" 表示。

第 3 行代码使用 findall() 函数根据正则表达式在网页源代码中匹配和提取数据。因为 "." 默认不匹配换行符，而博客标题有可能含有换行符，所以这里在 findall() 函数中添加了参数 re.S，表示在匹配数据时要匹配换行符。

代码运行结果如下图所示。

['SpringCloud系列之分布式配置中心极速入门与实践', '一文搞懂高频面试题之限流算法, 从算法原理到实现, 再到对比分析', '【Gin-API系列】部署和监控（九）', '【BIM】基于BIMFACE的空间拆分与合并', '忙大街的 Spring 循环依赖问题, 你觉得自己会了吗', '从@到1搭建自助分析平台', '用 Shader 写个完美的波浪', '设计模式-策略模式', '动态路由 - OSPF 一文详解 ', '对Jenkinsfile语法说不, 开源项目Jenkins Json Build抵你', '代码重构之法—方法重构分析', '技术团队: 当指责抱怨满天飞时, 你该怎么办？', '写一个通用的幂等组件, 我觉得很有必要', 'Spring事务实现原理', 'Dubbo系列之（六）服务订阅（3）', '【Go语言入门系列】（九）写这些就是为了搞懂怎么用接口', '[01] C#网络编程的最佳实践', '项目实战 - 原理讲解<-> Keras框架搭建Mtcnn人脸检测平台', '【小白学PyTorch】8 实战之MNIST小试牛刀', '机器学习, 详解SVM软间隔与对偶问题']

技巧　编写正则表达式的依据

用开发者工具看到的网页源代码和用 Requests 模块获取的网页源代码有可能不一致，而数据的提取是在后者的基础上进行的，所以严格来说应该以后者为依据编写正则表达式。初学者要牢记这一点，因为有时虽然差别很小（如只差一个空格），也会导致编写出的正则表达式无法提取到所需数据。

但是，用 Python 输出的网页源代码不便于查看，因此，通常先用开发者工具寻找规律，再到 Python 输出的网页源代码中进行核准。

需要注意的是，如果网站改版，网页源代码也会随之变化，此时需根据新的网页源代码修改正则表达式。因此，读者不要满足于机械地套用本书的代码，而要力求真正理解和掌握编写正则表达式提取数据的知识和技能，这样才能随机应变，游刃有余地完成数据的爬取。

第 **4** 章

爬取图片和视频

第 3 章学习了爬虫技术的基础知识，本章将运用这些知识进行实战演练，从豆瓣电影、百度图片、好看视频批量爬取图片或视频。

4.1　爬取豆瓣电影海报图片

 ◎　代码文件：爬取豆瓣电影海报图片.ipynb

豆瓣电影 Top 250 排行榜（https://movie.douban.com/top250）中共有 250 部电影，本案例将爬取这些电影的海报图片。

4.1.1　爬取网页源代码

首先需要判断网页是静态的还是动态加载出来的。在谷歌浏览器中打开豆瓣电影 Top 250 排行榜的页面，向下拖动页面右侧的滚动条，发现页面中没有加载新的电影条目，由此可以初步判断该网页是静态的。

为进一步确认上述判断，按照 3.1.1 节介绍的方法，❶在网页的空白处右击，❷在弹出的快捷菜单中单击"查看网页源代码"命令，如下图所示。

在显示网页源代码的页面中按快捷键〈Ctrl+F〉，输入页面中某一部电影的片名，如"肖申克的救赎"，可以看到源代码中包含该电影的数据，如下图所示。此时可以确定该网页是静态网页。

使用 Requests 模块中的 get() 函数获取网页源代码，代码如下：

```
1  import requests
2  url = 'https://movie.douban.com/top250'
3  headers = {'User-Agent': 'Mozilla/5.0 (Windows NT 10.0;
   Win64; x64) AppleWebKit/537.36 (KHTML, like Gecko)
   Chrome/96.0.4664.45 Safari/537.36'}
4  response = requests.get(url=url, headers=headers)
5  result = response.text
6  print(result)
```

运行代码后，可输出如下图所示的网页源代码。其中没有乱码，并且包含需要爬取的数据，说明网页源代码获取成功。

```
<div class="item">
    <div class="pic">
        <em class="">1</em>
        <a href="https://movie.douban.com/subject/1292052/">
            <img width="100" alt="肖申克的救赎" src="https://img2.doubanio.com/view/photo/s_ratio_poster/public/p480747492.jpg" class="">
        </a>
    </div>
    <div class="info">
        <div class="hd">
            <a href="https://movie.douban.com/subject/1292052/" class="">
                <span class="title">肖申克的救赎</span>
                    <span class="title"> / The Shawshank Redemption</span>
                <span class="other"> / 月黑高飞(港)  /  刺激1995(台)</span>
            </a>
```

4.1.2　爬取单页电影海报图片

接下来要使用正则表达式从网页源代码中提取电影片名和海报图片的网址，因此，先来观察包含这些数据的网页源代码以寻找规律。打开开发者工具，利用元素选择工具选中一部电影的海报图片，对应的网页源代码如下图所示。

继续查看其他电影的海报图片对应的网页源代码,如下图所示。

通过观察开发者工具中的网页源代码和前面用 Python 获取的网页源代码,可以发现包含电影片名和海报图片网址的网页源代码具有如下规律:

<img width="100" alt="片名" src="图片网址">

根据 3.3 节中的知识,可编写出提取电影片名和海报图片网址的正则表达式,并使用 findall() 函数根据正则表达式提取数据,代码如下:

```
1  import re
2  p_title = '<img width="100" alt="(.*?)"'
3  p_image = '<img width="100" alt=".*?" src="(.*?)"'
4  title_list = re.findall(p_title, result)
5  image_list = re.findall(p_image, result)
6  print(title_list)
7  print(image_list)
```

代码运行结果如下图所示,可以看到成功提取出了电影片名和海报图片网址,这些数据分别保存在对应的列表中。

```
['肖申克的救赎', '霸王别姬', '阿甘正传', '这个杀手不太冷', '泰坦尼克号', '美丽人生', '千与千寻', '辛德勒的名单', '盗梦空间', '忠犬八公的故事', '星际穿越', '楚门的世界', '海上钢琴师', '三傻大闹宝莱坞', '机器人总动员', '放牛班的春天', '无间道', '疯狂动物城', '大话西游之大圣娶亲', '熔炉', '教父', '当幸福来敲门', '龙猫', '控方证人', '怦然心动']
['https://img2.doubanio.com/view/photo/s_ratio_poster/public/p480744292.jpg', 'https://img3.doubanio.com/view/photo/s_ratio_poster/public/p2561716440.jpg',
'https://img2.doubanio.com/view/photo/s_ratio_poster/public/p2372307693.jpg', 'https://img2.doubanio.com/view/photo/s_ratio_poster/public/p511118051.jpg',
'https://img3.doubanio.com/view/photo/s_ratio_poster/public/p457760035.jpg', 'https://img1.doubanio.com/view/photo/s_ratio_poster/public/p2578474611.jpg',
'https://img1.doubanio.com/view/photo/s_ratio_poster/public/p2557573348.jpg', 'https://img2.doubanio.com/view/photo/s_ratio_poster/public/p492406163.jpg',
'https://img2.doubanio.com/view/photo/s_ratio_poster/public/p2616355133.jpg', 'https://img3.doubanio.com/view/photo/s_ratio_poster/public/p2587099240.jpg',
'https://img9.doubanio.com/view/photo/s_ratio_poster/public/p2614988097.jpg', 'https://img2.doubanio.com/view/photo/s_ratio_poster/public/p479682972.jpg',
'https://img9.doubanio.com/view/photo/s_ratio_poster/public/p2574551676.jpg', 'https://img2.doubanio.com/view/photo/s_ratio_poster/public/p579729551.jpg',
'https://img2.doubanio.com/view/photo/s_ratio_poster/public/p1461851991.jpg', 'https://img2.doubanio.com/view/photo/s_ratio_poster/public/p1910824951.jpg',
'https://img2.doubanio.com/view/photo/s_ratio_poster/public/p2564556863.jpg', 'https://img1.doubanio.com/view/photo/s_ratio_poster/public/p2624406049.jpg',
'https://img2.doubanio.com/view/photo/s_ratio_poster/public/p2455050536.jpg', 'https://img3.doubanio.com/view/photo/s_ratio_poster/public/p1363250216.jpg',
'https://img2.doubanio.com/view/photo/s_ratio_poster/public/p616779645.jpg', 'https://img3.doubanio.com/view/photo/s_ratio_poster/public/p2614359226.jpg',
'https://img9.doubanio.com/view/photo/s_ratio_poster/public/p2540924496.jpg', 'https://img1.doubanio.com/view/photo/s_ratio_poster/public/p1505392928.jpg',
'https://img1.doubanio.com/view/photo/s_ratio_poster/public/p501177648.jpg']
```

随后就可以下载图片并保存了，代码如下：

```python
1   from pathlib import Path
2   file_path = Path('E:/海报')
3   if not file_path.exists():
4       file_path.mkdir(parents=True)
5   for i in range(len(title_list)):
6       response1 = requests.get(url=image_list[i])
7       contents = response1.content
8       image_path = file_path / (title_list[i] + '.jpg')
9       with open(image_path, 'wb') as fp:
10          fp.write(contents)
```

第 1 行代码用于导入 pathlib 模块中的 Path 类。pathlib 模块是 Python 的内置模块，主要用于完成文件和文件夹路径的相关操作。

第 2 行代码用于指定存放图片的目标文件夹路径，这里指定为"E:\海报"，读者可根据实际需求修改这个路径。

第 3 行代码使用路径对象的 exists() 函数判断第 2 行代码中给出的文件夹是否存在。如果不存在，就执行第 4 行代码，使用路径对象的 mkdir() 函数创建文件夹。mkdir() 函数的参数 parents 设置为 True，表示自动创建多级文件夹。

第 8 行代码使用 pathlib 模块的路径拼接运算符"/"将目标文件夹路径和图片的文件名拼接成完整的文件路径。

运行上述代码后，打开文件夹"E:\海报"，可看到下载好的 25 张电影海报图片，如下图所示。

4.1.3   批量爬取多页电影海报图片

上一节成功爬取了第 1 页的 25 张电影海报图片，本节在此基础上批量爬取 10 页共 250 张海报图片。

　　先来寻找每一页的网址的规律。前面已经知道第 1 页的网址为 https://
movie.douban.com/top250，暂时看不出什么规律。❶切换至第 2 页，❷网址
变为 https://movie.douban.com/top250?start=25，如下图所示。

　　❶切换至第 3 页，❷网址变为 https://movie.douban.com/top250?start=50，
如下图所示。

　　通过对比，可以总结出不同页面的网址有如下规律：

https://movie.douban.com/top250?start=(页码－1)×25

　　根据该规律，猜测第 1 页的网址可能为 https://movie.douban.com/top250?
start=0。在浏览器中打开这一网址，可以看到的确是第 1 页的内容，说明这个
规律是有效的。

　　为便于实现批量爬取，可将爬取指定页码的图片的代码编写成自定义函数。
本节的完整代码如下：

```
1    import requests
```

```
2   import re
3   from pathlib import Path
4   file_path = Path('E:/海报')
5   if not file_path.exists():
6       file_path.mkdir(parents=True)
7   headers = {'User-Agent': 'Mozilla/5.0 (Windows NT 10.0;
    Win64; x64) AppleWebKit/537.36 (KHTML, like Gecko)
    Chrome/96.0.4664.45 Safari/537.36'}
8   def douban(page):
9       num = (page - 1) * 25
10      url = f'https://movie.douban.com/top250?start={num}'
11      response = requests.get(url=url, headers=headers)
12      result = response.text
13      p_title = '<img width="100" alt="(.*?)"'
14      p_image = '<img width="100" alt=".*?" src="(.*?)"'
15      title_list = re.findall(p_title, result)
16      image_list = re.findall(p_image, result)
17      for i in range(len(title_list)):
18          response1 = requests.get(url=image_list[i])
19          contents = response1.content
20          rank = num + i + 1
21          file_name = f'{rank}_{title_list[i]}.jpg'
22          image_path = file_path / file_name
23          with open(image_path, 'wb') as fp:
24              fp.write(contents)
25  for j in range(1, 11):
26      douban(j)
```

第 8～24 行代码创建了一个自定义函数 douban()，用于爬取指定页码的图片。该函数只有一个参数 page，代表要爬取的页码。

因为页码是整数，所以在第 10 行代码中拼接网址字符串时需要转换数据类型。可以使用 str() 函数将页码转换为字符串，这里则使用了另一种方法拼接字符串，这种方法称为 f-string。f-string 的特点是不需要转换数据类型就能实现拼接，相关代码也很简洁和直观。f-string 的语法格式是以 f 或 F 作为字符串的前缀，然后在字符串中用 "{}" 包裹要拼接的变量或表达式，演示代码如下：

```
1   name = '王明杰'
2   wage = 69437.64
3   a = f'{name}的年收入为{wage}元，月均收入{wage / 12}元。'
4   print(a)
```

演示代码的运行结果如下：

```
1    王明杰的年收入为69437.64元，月均收入5786.47元。
```

第 20 行代码用于计算每部电影的排名。

第 21 行代码使用 f-string 将电影的排名、片名和文件的扩展名拼接在一起，作为图片的文件名，如 "7_千与千寻.jpg"。

第 22 行代码将目标文件夹路径和图片的文件名拼接成完整的文件路径。

第 25 行和第 26 行代码使用 for 语句循环调用自定义函数，实现多页数据的爬取。

运行代码后，在文件夹 "E:\海报" 中可以看到成功下载了 250 部电影的海报图片，如下图所示。

4.2 爬取百度图片

 ◎ 代码文件：批量爬取百度图片.ipynb

百度图片（https://image.baidu.com/）是一个图片搜索引擎，本案例将批量爬取用这个搜索引擎搜索到的图片。

4.2.1 解析网页请求

用谷歌浏览器打开百度图片的页面并进行搜索，这里以"桃花"作为搜索关键词。向下拖动页面右侧的滚动条，会看到页面中有新的图片加载出来，由此可以判断该网页是动态加载的。接下来需要分析请求动态加载内容的接口地址和动态参数。

打开开发者工具，❶切换到"Network"选项卡，❷单击"Fetch/XHR"按钮，如果在选项卡中看不到内容，则按〈F5〉键刷新页面，随后会筛选出多个条目，继续向下滚动页面，加载出新的内容，可看到原有条目下方出现多个新条目，❸单击新出现的第 1 个条目，❹在右侧切换到"Headers"选项卡，❺找到"General"栏目，其中"Request URL"参数的值就是请求动态加载内容的网址，如下图所示。

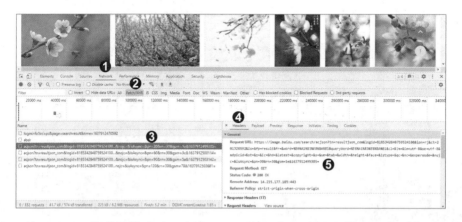

按照 3.2.2 节讲解的方法，根据"？"将上述网址拆分成两部分：第 1 部分 https://image.baidu.com/search/acjson 是请求动态加载内容的接口地址；第 2 部分则是需要在 get() 函数中通过参数 params 携带的动态参数，再根据"&"进行拆分，便可得到各个动态参数的名称和值。

动态参数的数量较多，为便于分析，切换到"Headers"选项卡右侧的"Payload"选项卡，在"Query String Parameters"栏目下查看各个动态参数的名称和值，如下左图和下右图所示。

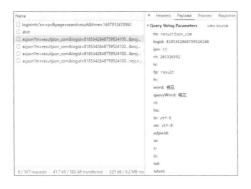 

用相同的方法分析其他条目的接口地址和动态参数。通过对比可以发现，不同条目的接口地址相同，动态参数的主要区别是参数 pn 的值不同：第 1 个条目的参数 pn 为 30，第 2 个条目的参数 pn 为 60，第 3 个条目的参数 pn 为 90……可以合理地推测，参数 pn 代表从第几张图片开始加载。又因为第 1 个条目实际上对应的是第 2 次加载，所以第 1 次加载对应的 pn 值应该是 0。从参数 pn 的分析结果还可以进一步推测出，参数 rn 的值 30 代表每次请求返回图片的数量。

掌握了爬取网页源代码所需的接口地址和动态参数后，还需要找到要爬取的图片的网址。❶在开发者工具中选择任意一个动态加载条目，❷在右侧切换到"Preview"选项卡，❸即可预览动态请求返回的内容，如下图所示。可以看到它不是 HTML 代码，而是 JSON 格式的数据。在 Python 中，可以将JSON 格式数据理解为字典和列表的组合。这里的 JSON 格式数据就是一个大字典，展开 data 键，可以看到对应的值是一个大列表，列表中有 31 个字典，前 30 个字典对应 30 张图片的数据，最后一个字典为空。

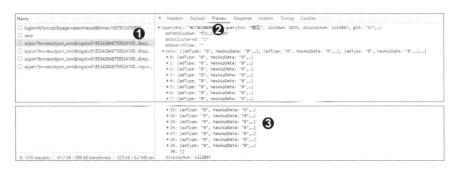

继续展开任意一张图片对应的字典，可以看到 thumbURL 键对应了图片的网址，如下图所示。至此，网页动态请求的初步分析就完成了。

补充知识点：JSON 格式数据

JSON 的全称是 JavaScript Object Notation（JavaScript 对象标记），它是一种轻量级的数据交换格式，构造简洁，结构化程度高。JSON 支持的数据类型有字符串、数字、对象、数组等，其中对象和数组是比较特殊且常用的两种类型。

对象是由 "{}" 定义的键值对结构，如 {key1: value1, key2: value2, …, keyN: valueN}，key 为属性，value 为属性对应的值。key 可以为整数或字符串，value 可以是 JSON 支持的任意数据类型。

数组是由 "[]" 定义的索引结构，如 ["java", "javascript", "vb"…]，数组中的值可以是 JSON 支持的任意数据类型。

一个 JSON 格式数据的示例如下，可以看出，它是一个包含两个对象的数组。

```
1   [{
2       "名称": "淘宝",
3       "网址": "www.taobao.com",
4       "类型": "电商平台"
5   }, {
6       "名称": "必应",
7       "网址": "www.bing.com",
8       "类型": "搜索引擎"
9   }]
```

爬虫中遇到的 JSON 格式数据通常是像上面的例子那样由对象和数组嵌套组合而成。我们可以将数组理解成 Python 中的列表，将对象理解成 Python 中的字典，那么上面的例子就可以视为一个含有两个字典的大列表。

4.2.2 爬取单页百度图片

本节将尝试爬取单页图片。先获取单次动态请求的网页源代码，代码如下：

```
1   import requests
2   url = 'https://image.baidu.com/search/acjson'
3   headers = {'User-Agent': 'Mozilla/5.0 (Windows NT 10.0;
    Win64; x64) AppleWebKit/537.36 (KHTML, like Gecko)
    Chrome/96.0.4664.45 Safari/537.36'}
4   params = {
5       'tn': 'resultjson_com',
6       'logid': '8185342848759524100',
7       'ipn': 'rj',
8       'ct': '201326592',
9       'fp': 'result',
10      'word': '桃花',
11      'queryWord': '桃花',
12      'ie': 'utf-8',
13      'oe': 'utf-8',
14      'pn': '0',
15      'rn': '30'
16  }
17  response = requests.get(url=url, headers=headers, params=
    params)
18  json_data = response.json()
19  print(json_data)
```

第 2 行代码给出了前面分析出的接口地址。

第 4 ～ 16 行代码是根据前面分析出的动态参数构造的字典，其中参数 pn 的值为 0，表示获取第 1 次加载的图片。需要说明的是，前面用开发者工具看到的动态参数有很多，但并不是每个参数都是必需的，这里删除了值为空的参数。

第 17 行代码使用 get() 函数携带动态参数对接口地址发起请求并获取响应对象。

第 18 行代码使用响应对象的 json() 函数将响应对象的内容解析为 JSON 格式数据。

第 19 行代码使用 print() 函数输出 JSON 格式数据。

运行结果如下：

```
1   {"antiFlag":1,"message":"Forbid spider access","bfe_
    log_id":"9915809508846419872"}
```

其中"Forbid spider access"的大意是禁止爬虫访问，说明获取失败。原因可能是上述代码没能很好地伪装成浏览器，要解决这个问题，可以尝试从分析请求头入手。

返回开发者工具，选择任意一个动态加载条目，查看"Headers"选项卡下的"Request Headers"栏目，可以看到其中除了 User-Agent，还有很多其他参数，如下图所示。

我们可以尝试在 get() 函数的参数 headers 中添加除 User-Agent 外的其他参数，让代码的伪装更加"逼真"，从而不会被服务器"识破"。经过尝试后发现，只需添加参数 Accept-Language，就能获取成功，相应代码如下：

```
1   headers = {
```

```
2    'Accept-Language': 'en-US,en;q=0.9,zh-CN;q=0.8,zh;
     q=0.7',
3    'User-Agent': 'Mozilla/5.0 (Windows NT 10.0;
     Win64; x64) AppleWebKit/537.36 (KHTML, like Gecko)
     Chrome/96.0.4664.45 Safari/537.36',
4    }
```

运行后输出的内容如下图所示，可以看到成功地获得了 JSON 格式数据。

{'queryEnc': '%E6%A1%83%E8%8A%B1', 'queryExt': '桃花', 'listNum': 1841, 'displayNum': 1113845, 'gsm': '1f', 'bdFmtDispNum': '约1,110,000', 'bdSearchTime': '', 'isNeedAsyncRequest': 0, 'bdIsClustered': '1', 'data': [{'adType': '0', 'hasAspData': '0', 'thumbURL': 'https://img2.baidu.com/it/u=2678000720, 618642928fm=26&fmt=auto', 'commodityInfo': None, 'isCommodity': 0, 'middleURL': 'https://img2.baidu.com/it/u=2678000720,618642928fm=26&fmt=auto', 'shituToken': '2b2b8d', 'largeTnImageUrl': '', 'hasLarge': 0, 'hoverURL': 'https://img2.baidu.com/it/u=2678000720,618642928fm=26&fmt=auto', 'pageNum': 1, 'objURL': 'ippr_z2C$qAzdH3FAzdH3Fz2t42d_z&e3Bkwt17_z&e3Bv54AzdH3Ft4w2j_fjw6iAzdH3F6v=ippr%nA%dF%dFk-ffs_z&e3B17tpwg2_z&e3Bv54&dF7rs5w1f%dftpj4%dFda8man%dFdm %dFfda8manda81nada_1UMcL_z&e3Brj2&6juj6=ippr%nA%dF%dFk-ffs_z&e3B17tpwg2_z&e3Bv54&wrr=daad&ftzj=ull11, 8aaaaa&q=ba&g=a&2=ag&u4p=3rj2?fjv=8m9addbn9b&p=mn1ddv00c9d19j1k8kanduja1klu88aj', 'fromURL': 'ippr_z2C$qAzdH3FAzdH3Fooo_z&e3B17tpwg2_z&e3Bv54AzdH3Fks52AzdH3F?t1=ccdd0dnd9', 'fromJumpUrl': 'ippr_z2C$qAzdH3FAzdH3Fooo_z&e3B17tpwg2_z&e3Bv54AzdH3Fks52AzdH3F?t1=ccdd0dnd9', 'fromURLHost': 'www.duitang.com', 'currentIndex': '', 'width': 984, 'height': 1312, 'type': 'jpeg', 'is_gif': 0, 'isCopyright': 0, 'resourceInfo': None, 'strategyAssessment': '1322264882_228_0_0', 'filesize': '', 'bdSrcType': '0', 'di': '39050', 'pi': '0', 'is': '0,0', 'imgCollectionWord': '0', 'hasThumbData': '0', 'bdSetImgNum': 0, 'partnerId': 0, 'spn': 0, 'bdImgnewsDate': '2016-03-26 19:30', 'fromPageTitle': '桃花', 'fromPageTitleEnc': '桃花', 'bdSourceName': '', 'bdFromPageTitlePrefix': '', 'isAspDianjing': 0, 'token': '', 'imgType': '', 'cs': '2678000720,618642292', 'os': '111493354,4202681098', 'simid': '4235600120,632650034', 'personalized': '0', 'simid_info': None, 'face_info': None,

接着就可以从 JSON 格式数据中提取网址了，代码如下：

```
1    pics = json_data['data']
2    for i in pics[:-1]:
3        pic_url = i['thumbURL']
4        print(pic_url)
```

第 1 行代码用于从字典中提取 data 键对应的值，根据前面的分析，返回的是一个含有 31 个字典的大列表。

第 2 行代码用于遍历大列表中的元素。因为最后一个元素是无用的空字典，所以这里用列表切片的方式（pics[:-1]）将其去除。

第 3 行代码从包含图片数据的字典中提取 thumbURL 键对应的值，得到图片的网址。

第 4 行代码用于输出网址。

运行结果的部分内容如右图所示，可以看到成功地提取出了图片的网址。

https://img2.baidu.com/it/u=2678000720,618642928fm=26&fmt=auto
https://img2.baidu.com/it/u=1137111499,6019708081&fm=26&fmt=auto
https://img2.baidu.com/it/u=59331391,2887832587&fm=26&fmt=auto
https://img1.baidu.com/it/u=2603145372,1416146739&fm=26&fmt=auto
https://img2.baidu.com/it/u=1708984269,2542289194&fm=26&fmt=auto
https://img2.baidu.com/it/u=2754126086,1831136561&fm=26&fmt=auto
https://img2.baidu.com/it/u=3189752345,2031798786&fm=26&fmt=auto
https://img2.baidu.com/it/u=3063484654,125725076&fm=26&fmt=auto
https://img2.baidu.com/it/u=1283849154,3033531718&fm=26&fmt=auto
https://img2.baidu.com/it/u=1692850394,1760222980&fm=26&fmt=auto
https://img0.baidu.com/it/u=4083245194,801454212&fm=26&fmt=auto

最后，批量下载图片并保存到指定文件夹下，代码如下：

```python
from pathlib import Path
file_path = Path('E:/桃花')
if not file_path.exists():
    file_path.mkdir(parents=True)
pics = json_data['data']
n = 1
for i in pics[:-1]:
    pic_url = i['thumbURL']
    res = requests.get(url=pic_url, headers=headers)
    image_path = file_path / f'{n}.jpg'
    with open(image_path, 'wb') as fp:
        fp.write(res.content)
    n += 1
```

第 1～4 行代码用于创建保存图片的目标文件夹 "E:\桃花"。

第 6 行代码定义了一个变量 n 并赋初值为 1。该变量代表图片的编号，后面将使用此编号作为图片的文件名。

第 7～13 行代码用于根据网址将图片下载到目标文件夹中。其中第 13 行代码使用了加法赋值运算符 "+="（详见 2.4.3 节）让变量 n 的值在每一轮循环结束时增加 1。

运行上述代码后，打开目标文件夹，即可看到批量下载的 30 张图片，如下图所示。

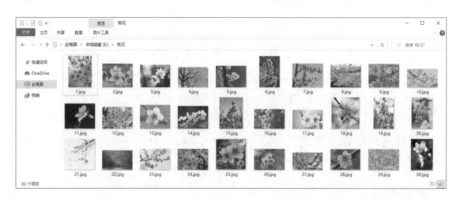

4.2.3　批量爬取多页百度图片

　　根据 4.2.1 节的分析，第 1 次加载的动态参数 pn 为 0，第 2 次加载的动态
参数 pn 为 30，第 3 次加载的动态参数 pn 为 60……如果要批量爬取多页图片，
只需构造一个循环，在循环中相应改变动态参数 pn 的值即可。完整代码如下：

```
import requests
from pathlib import Path
file_path = Path('E:/桃花')
if not file_path.exists():
    file_path.mkdir(parents=True)
url = 'https://image.baidu.com/search/acjson'
headers = {
    'Accept-Language': 'en-US,en;q=0.9,zh-CN;q=0.8,zh;
    q=0.7',
    'User-Agent': 'Mozilla/5.0 (Windows NT 10.0;
    Win64; x64) AppleWebKit/537.36 (KHTML, like Gecko)
    Chrome/96.0.4664.45 Safari/537.36'
}
n = 1
for page in range(1, 4):
    pn = (page - 1) * 30
    params = {
        'tn': 'resultjson_com',
        'ipn': 'rj',
        'word': '桃花',
        'pn': str(pn),
        'rn': '30'
    }
    response = requests.get(url=url, headers=headers,
    params=params)
    json_data = response.json()
    pics = json_data['data']
```

```
24      for i in pics[:-1]:
25          pic_url = i['thumbURL']
26          res = requests.get(url=pic_url, headers=headers)
27          image_path = file_path / f'{n}.jpg'
28          with open(image_path, 'wb') as fp:
29              fp.write(res.content)
30          n += 1
```

第 12 行代码构造了一个循环，其中 range(1, 4) 代表第 1～3 次加载，变量 page 代表是第几次加载。

第 13 行代码根据变量 page 的值计算对应的动态参数 pn 的值，其中 30 为每次加载的图片数量。

第 14～20 行代码是要携带的动态参数字典。这里的字典是在爬取单页图片所使用字典的基础上做了进一步精简得到的，也就是说，至少携带这些动态参数就能正常返回结果了。其余未携带的动态参数也有各自的作用，例如，参数 hd 设置为 1 时将返回高清图片，感兴趣的读者可以自行研究。

运行上述代码后，打开目标文件夹，即可看到批量下载的 90 张图片，如下图所示。

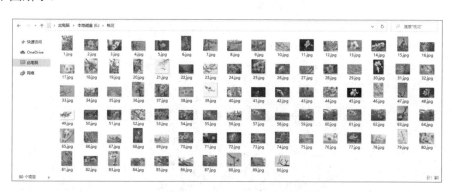

4.3 爬取好看视频

 ◎ 代码文件：批量爬取好看视频.ipynb

好看视频（https://haokan.baidu.com/）是百度旗下的短视频平台，分为"影视""音乐""娱乐""美食""宠物"等多个频道。本案例将批量爬取"宠物"频道下的视频，该频道的网址为 https://haokan.baidu.com/tab/chongwu_new，页面效果如下图所示。

在编写代码前，先判断网页是静态的还是动态加载的。在谷歌浏览器中打开目标网页后，向下拖动页面右侧的滚动条，可以看到网页中会加载出更多视频，由此可以判断该网页是动态加载的。

随后按照 4.2.1 节讲解的方法，用开发者工具分析动态加载的请求，得到接口地址和动态参数，如下面两图所示。

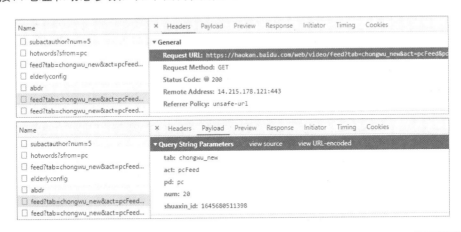

此外，还可以分析出要爬取的视频数据存放在 JSON 格式数据中，如右图所示。提取数据的路径为：data 键 → response 键 → videos 键。得到的值是一个大列表，列表中有 20 个字典，对应 20 段视频的数据。

展开其中一个字典，可以看到 play_url 键对应的值是视频文件的网址，title
键对应的值是视频的标题，如下图所示。

× Headers Payload Preview Response Initiator Timing Cookies

▼{errno: 0, errmsg: "成功", logid: "2979221113",…}
  ▼data: {response: {videos: [{id: "11600196549792501646", title: "馒头片的后续来了，终于来了!",…},…]}}
    ▼response: {videos: [{id: "11600196549792501646", title: "馒头片的后续来了，终于来了!",…},…]}
      ▼videos: [{id: "11600196549792501646", title: "馒头片的后续来了，终于来了!",…},…]
        ▼0: {id: "11600196549792501646", title: "馒头片的后续来了，终于来了!",…}
            author_avatar: "https://pic.rmb.bdstatic.com/bjh/user/e6ae3ded0d3d7d5f1ee43f88b6b9d3b6.jpeg?x-bce-process=image/resize,m_1f
            comment: "2"
            duration: "00:37"
            fmplaycnt: "279次播放"
            fmplaycnt_2: "279"
            id: "11600196549792501646"
            is_pay_column: 0
            like: "9"
            outstand_tag: ""
            play_url: "http://vd2.bdstatic.com/mda-nammi5ye37x6suvb/cae_h264_delogo/1642897153076902091/mda-nammi5ye37x6suvb.mp4?v_fro
            playcnt: "279"

            source_name: "杏仁爱吃糖"
            third_id: "1712060129639835"
            title: "馒头片的后续来了，终于来了!"
            url: "https://haokan.hao123.com/v?vid=11600196549792501646&pd=pc&context="
            vip: 0
        ▶1: {id: "15219454538216989310", title: "今天你撸羊了吗?",…}
        ▶2: {id: "32649030201222777854", title: "金毛得知不用做姥爷开心到起飞，学驴屎的打电话惟妙惟肖，太坏了",…}

分析完毕后，就可以编写代码了。完整代码如下：

```
1   import requests
2   from pathlib import Path
3   file_path = Path('E:/视频')
4   if not file_path.exists():
5       file_path.mkdir(parents=True)
6   url = 'https://haokan.baidu.com/web/video/feed'
7   headers = {'User-Agent': 'Mozilla/5.0 (Windows NT 10.0;
    Win64; x64) AppleWebKit/537.36 (KHTML, like Gecko)
    Chrome/96.0.4664.45 Safari/537.36'}
8   for page in range(3):
9       params = {
10          'tab': 'chongwu_new',
11          'act': 'pcFeed',
12          'pd': 'pc',
13          'num': '20'
14      }
15      response = requests.get(url=url, headers=headers,
        params=params)
```

```
16        json_data = response.json()
17        videos = json_data['data']['response']['videos']
18        for i in videos:
19            video_title = i['title']
20            video_path = file_path / (video_title + '.mp4')
21            if video_path.exists():
22                continue
23            video_url = i['play_url']
24            video_content = requests.get(url=video_url,
              headers=headers).content
25            with open(video_path, 'wb') as fp:
26                fp.write(video_content)
```

第 2~5 行代码用于创建保存视频的目标文件夹 "E:\视频"。

第 6 行代码给出了前面分析出的接口地址。

第 8 行代码构造了一个循环次数为 3 的循环，表示要进行 3 次动态请求。

第 9~14 行代码是根据前面分析出的动态参数构造的字典。其中参数 tab 用于指定频道，这里的值 'chongwu_new' 代表 "宠物" 频道。参数 num 用于指定每次请求加载的视频数量，经过尝试，该参数的值不可大于 40，这里设置为 20。

第 15 行代码使用 get() 函数携带动态参数对接口地址发起请求并获取响应对象。

第 16 行代码使用响应对象的 json() 函数将响应对象的内容解析为 JSON 格式数据。

第 17 行代码根据前面的分析从 JSON 格式数据中提取包含各段视频数据的大列表。

第 18 行代码用于遍历大列表中的元素。

第 19 行代码从包含单段视频数据的字典中提取 title 键对应的值，得到视频的标题。

第 20 行代码先将视频标题与扩展名 ".mp4" 拼接成视频的文件名，再将文件名拼接在目标文件夹的路径后，得到视频文件的完整路径。

第 21 行代码使用路径对象的 exists() 函数判断路径指向的视频文件是否存

在，如果存在，则执行第 22 行代码中的 continue 语句，提前结束本轮循环，进入下一轮循环。这是因为每次动态请求加载的视频可能有一部分是重复的，通过这样的判断可以避免重复下载已经下载过的视频。

第 23～26 行代码用于根据 play_url 键提取视频文件的网址，并将视频文件下载到目标文件夹中。

运行上述代码后，打开目标文件夹，即可看到批量下载的视频，如右图所示。

需要注意的是，每请求一次就相当于刷新一次页面，而刷新后的视频内容会变化，所以爬取的视频与在浏览器中看到的视频有可能不同。此外，尽管代码中进行了 3 次请求，每次请求加载 20 段视频，但是由于有部分视频是重复的，最终下载的视频数量会小于 60。

第 **5** 章

视频的导入与导出

从本章开始，将要学习如何使用 Python 第三方模块 MoviePy 剪辑与制作视频。本章要讲解的是视频的导入与导出，主要内容包括视频文件格式的转换、将视频导出为静态图像或 GIF 动画、用图片快速生成视频等。

在开始编写代码之前，先用命令"pip install moviepy"安装 MoviePy 模块。此外，视频剪辑与制作的代码不可避免地要用到文件和文件夹的路径，路径基础知识中的一些重要概念（如绝对路径、相对路径、当前工作目录）以及路径的书写格式详见 3.2.3 节的"技巧"，以下不再重复讲解。

案例 01　转换视频的文件格式

◎　代码文件：转换视频的文件格式.ipynb
◎　素材文件：美丽的向日葵.mp4

◎ 应用场景

 牛老师，如果想要将视频从一种格式转换为另一种格式，例如，将 ".mp4" 格式的视频转换为 ".avi" 格式的视频，用 Python 是否可以实现呢？

 当然可以，通过下面的代码就可以将视频文件转换为指定的格式。

◎ 实现代码

```
1  from moviepy.editor import VideoFileClip  # 从MoviePy模
   块的子模块editor中导入VideoFileClip类
2  video_clip = VideoFileClip('美丽的向日葵.mp4')  # 读取要
   转换文件格式的视频
3  video_clip.write_videofile('美丽的向日葵.avi', codec=
   'png')  # 更改视频文件的编解码器，导出为avi格式的视频
4  video_clip.write_videofile('美丽的向日葵.flv', codec=
   'flv')  # 更改视频文件的编解码器，导出为flv格式的视频
```

◎ 代码解析

第 1 行代码从 MoviePy 模块的子模块 editor 中导入 VideoFileClip 类。

第 2 行代码使用 VideoFileClip 类读取要转换文件格式的视频 "美丽的向日葵.mp4"，该文件位于当前工作目录下。

第 3 行代码用于将读取的视频导出到当前工作目录下，文件名为 "美丽的向日葵.avi"，使用的编解码器为 "png"。

第 4 行代码用于将读取的视频导出到当前工作目录下，文件名为 "美丽的向日葵.flv"，使用的编解码器为 "flv"。

上述代码中使用的文件路径均为相对路径，读者可根据实际需求修改为绝对路径。

◎ 知识延伸

（1）第 2 行代码中的 VideoFileClip 类用于读取各种格式的视频文件，其常用语法格式如下：

VideoFileClip(filename, audio=True, target_resolution=None)

各参数的说明见表 5-1。

表 5-1　VideoFileClip 类的参数说明

参数	说明
filename	指定要读取的视频文件的路径，可为相对路径或绝对路径，支持".mp4"".mov"".mpeg"".avi"".flv"等文件格式
audio	参数默认值为 True，表示加载视频时读取音频；若参数值为 False，则表示加载视频时不读取音频
target_resolution	如果读取视频时需要更改画面尺寸，可通过该参数指定帧高度和帧宽度。参数类型为一个含有两个元素的列表或元组，第 1 个元素为帧高度，第 2 个元素为帧宽度。如果不需要更改视频的画面尺寸，则省略此参数

（2）第 3 行和第 4 行代码中的 write_videofile() 函数用于导出视频文件，其常用语法格式如下：

write_videofile(filename, fps=None, codec=None, audio=True)

各参数的说明见表 5-2。

表 5-2　write_videofile() 函数的参数说明

参数	说明
filename	指定导出视频文件的路径，可为相对路径或绝对路径，视频文件格式可为".mp4"".mov"".mpeg"".avi"".flv"等
fps	指定帧率（每秒编码的帧数）。帧率会影响视频画面的流畅度：帧率越大，画面给人的感觉越流畅；帧率越小，画面越容易呈现跳动感
codec	指定视频文件的编解码器。如果参数 filename 给出的路径中文件扩展名为".mp4"".ogv"".webm"，会自动选择编解码器。对于其他文件扩展名，则需要手动指定对应的编解码器
audio	参数默认值为 True，表示导出视频时也导出音频；若设置为 False，则表示导出视频时不导出音频

◎ 运行结果

运行本案例的代码后，可在当前工作目录下看到转换文件格式得到的视频文件"美丽的向日葵.avi"和"美丽的向日葵.flv"，如下图所示。

案例 02　批量转换视频的文件格式

◎　代码文件：批量转换视频的文件格式.ipynb
◎　素材文件：转换前（文件夹）

◎ 应用场景

牛老师，我从不同渠道收集了一些视频，它们的格式五花八门，有".mp4"".mov"".avi"".flv"".webm"等（见下左图）。能不能编写一段代码，将这些视频批量转换成".mp4"格式（见下右图）呢？

当然是可以的。代码的编写思路是用 pathlib 模块中的函数遍历指定文件夹的内容，得到文件夹中视频文件的路径，再按照案例 01 讲解的方法，用 MoviePy 模块根据路径打开文件，进行格式转换。

◎ 实现代码

```python
1   from pathlib import Path  # 导入pathlib模块中的Path类
2   from moviepy.editor import VideoFileClip  # 从MoviePy模
    块的子模块editor中导入VideoFileClip类
3   from shutil import copy  # 导入shutil模块中的copy()函数
4   src_folder = Path('转换前')  # 指定来源文件夹的路径
5   des_folder = Path('转换后')  # 指定目标文件夹的路径
6   if not des_folder.exists():  # 如果目标文件夹不存在
7       des_folder.mkdir(parents=True)  # 则创建目标文件夹
8   for i in src_folder.glob('*'):  # 遍历来源文件夹的内容
9       if i.is_dir():  # 如果遍历到的路径指向文件夹
10          continue  # 则提前结束本轮循环
11      if i.suffix.lower() != '.mp4':  # 如果文件的扩展名不
        是 “.mp4”
12          video_clip = VideoFileClip(str(i))  # 读取文件
13          new_file = des_folder / (i.stem + '.mp4')  # 构
            造转换格式后的文件的完整路径
14          video_clip.write_videofile(str(new_file))  # 导
            出转换格式后的文件
15      else:  # 如果文件的扩展名是 “.mp4”
16          copy(i, des_folder)  # 将文件复制到目标文件夹
```

◎ 代码解析

第 1 行代码用于导入 pathlib 模块中的 Path 类。pathlib 模块是 Python 的内置模块，无须安装。该模块主要用于完成文件和文件夹路径的相关操作。

第 2 行代码用于从 MoviePy 模块的子模块 editor 中导入 VideoFileClip 类。

第 3 行代码用于导入 shutil 模块中的 copy() 函数。shutil 模块也是 Python 的一个内置模块，它提供的函数可以对文件或文件夹进行复制、移动等操作。

第 4 行代码用于指定要转换格式的视频文件所在文件夹（以下简称为来源文件夹）的路径。这里以相对路径的形式指定了位于当前工作目录下的文件夹"转换前"，读者可根据实际需求修改这个路径。

第 5 行代码用于指定转换格式后的视频文件所在文件夹（以下简称为目标文件夹）的路径。这里以相对路径的形式指定了位于当前工作目录下的文件夹"转换后"，读者可根据实际需求修改这个路径。

目标文件夹必须真实存在，否则导出文件时会报错。因此，第 6 行代码使用路径对象的 exists() 函数判断目标文件夹是否存在，如果不存在，则执行第 7 行代码，使用路径对象的 mkdir() 函数创建文件夹。

第 8 行代码结合使用 for 语句和路径对象的 glob() 函数遍历来源文件夹的内容，此时变量 i 代表来源文件夹下的一个文件或一个子文件夹的路径。

第 9 行代码使用路径对象的 is_dir() 函数判断路径是否指向文件夹，如果是，则执行第 10 行代码中的 continue 语句，提前结束本轮循环。也就是说，如果遍历到的是文件夹，则将其跳过，不做处理；如果遍历到的是文件，则继续往下执行。

第 11 行代码用于判断文件的扩展名是否为".mp4"。先使用路径对象的 suffix 属性提取文件的扩展名，因为有时扩展名会同时存在小写和大写两种形式，所以接着用字符串的 lower() 函数将扩展名转换成小写形式，再进行比较。

如果比较后发现文件的扩展名不是".mp4"，则执行第 12 ~ 14 行代码，用案例 01 的方法根据路径读取视频，转换格式后保存到目标文件夹下。

如果比较后发现文件的扩展名是".mp4"，则无须转换格式，执行第 16 行代码，使用 shutil 模块中的 copy() 函数将文件复制到目标文件夹下。

◎ 知识延伸

（1）第 1 行代码中导入的 Path 类代表操作系统中文件夹和文件的路径。要使用 Path 类的功能，需先将其实例化为一个路径对象，第 4 行和第 5 行代码就是在做这件事。类、对象、实例化是面向对象编程中的概念，读者可以不必深究，只需记住代码的书写格式。

（2）第 6 行代码中的 exists() 函数用于判断路径指向的文件或文件夹是否存在，若存在则返回 True，若不存在则返回 False。

（3）第 7 行代码中的 mkdir() 函数用于创建文件夹，其常用语法格式如下：

mkdir(parents, exist_ok)

各参数的说明见表 5-3。

表 5-3　mkdir() 函数的参数说明

参数	说明
parents	当参数值为 False 或省略时，如果找不到要创建的文件夹的上一级文件夹，程序会报错，提示系统找不到指定的文件夹；当参数值为 True 时，则会自动创建多级文件夹
exist_ok	如果要创建的文件夹已存在，当参数值为 False 或省略时，则程序会报错，提示文件夹已存在，无法创建；当参数值为 True 时，则程序不会报错

（4）第 8 行代码中的 glob() 函数用于遍历一个文件夹并返回其中的文件或子文件夹的路径。括号里的参数是查找条件，用于对文件或文件夹的名称进行筛选。在条件中可以使用通配符："*" 可以匹配任意数量个（包括 0 个）字符，"?" 可以匹配单个字符，"[]" 可以匹配指定范围内的字符。如果不使用通配符，表示进行精确查找；如果使用通配符，则表示进行模糊查找，这里的 '*' 表示对文件或文件夹的名称不做筛选。

（5）第 9 行代码中的 is_dir() 函数用于判断一个路径是否指向文件夹，并相应返回 True 或 False。与其对应的是 is_file() 函数，用于判断一个路径是否指向文件。

（6）第 11 行代码中的 suffix 和第 13 行代码中的 stem 是 pathlib 模块中路径对象的属性，分别用于返回扩展名和文件主名。例如，视频文件"美丽的向日葵.mp4"的文件主名为"美丽的向日葵"，扩展名为".mp4"。

（7）第 11 行代码中的 lower() 函数用于将字符串中的所有大写字母转换成小写字母。与其对应的是 upper() 函数，用于将字符串中的所有小写字母转换成大写字母。

（8）第 13 行代码中的 "/" 是 pathlib 模块中用于拼接路径的运算符。演示代码如下：

```
1    from pathlib import Path
2    file_parent = Path('E:/实例文件/素材文件/05')
3    file_name = '美丽的向日葵.mp4'
4    file_path = file_parent / file_name
5    print(file_path)
```

运行结果如下：

```
1    E:\实例文件\素材文件\05\美丽的向日葵.mp4
```

（9）第 16 行代码中的 copy() 函数用于复制文件，其常用语法格式如下。

copy(src, dst)

各参数的说明见表 5-4。

表 5-4　copy() 函数的参数说明

参数	说明
src	指定要复制的文件的路径
dst	指定复制操作的目标路径。该路径必须真实存在，否则运行时会报错

◎ 运行结果

运行本案例的代码后，可在设定的目标文件夹下看到批量转换文件格式后的视频文件。

案例 03　将视频导出为一系列静态图片

◎　代码文件：将视频导出为一系列静态图片.ipynb
◎　素材文件：海边日落风光.mp4

◎ 应用场景

牛老师，我想将一段视频的画面批量截取成静态图片，是不是只能一张张地手动截图呢？

视频实际上是由一系列静态图像组成的，每张图像称为一帧，通常每秒视频包含 24～30 帧甚至更多帧。使用 MoviePy 模块的 write_images_sequence() 函数可以方便地将视频导出为一张张图片。

◎ 实现代码

```
1    from moviepy.editor import VideoFileClip   # 从MoviePy模
```

```
     块的子模块editor中导入VideoFileClip类
2    video_clip = VideoFileClip('海边日落风光.mp4')  # 读取要
     导出为图片的视频
3    video_clip.write_images_sequence('输出图片/日落%03d.jpg',
     fps=5)  # 将视频帧导出为一系列".jpg"格式的图片
```

◎ 代码解析

第 1 行代码用于从 MoviePy 模块的子模块 editor 中导入 VideoFileClip 类。

第 2 行代码用于读取要导出为图片的视频"海边日落风光.mp4"，该文件位于当前工作目录下，读者可根据实际需求修改文件路径。

第 3 行代码用于每隔 5 帧就将视频帧导出为一张".jpg"格式的图片，如果要每隔 10 帧就导出一张图片，将代码中的"fps=5"修改为"fps=10"即可。存储位置为当前工作目录下的文件夹"输出图片"（必须提前手动创建好），路径中的"日落 %03d.jpg"代表图片文件名的格式，可根据实际需求更改。其中"日落"和".jpg"是文件名中的固定部分，而"%03d"则是可变部分，运行时会依次变为 000、001、002……

◎ 知识延伸

（1）第 3 行代码中的 write_images_sequence() 函数用于将视频帧批量导出为静态图片，其常用语法格式如下：

write_images_sequence(nameformat, fps=None)

各参数的说明见表 5-5。

表 5-5　write_images_sequence() 函数的参数说明

参数	说明
nameformat	指定图片的存储位置和文件名，在文件名中可以使用格式化字符串。例如，文件名"pic%03d.png"中的"pic"是文件名的开头；"%03d"是格式化字符串，代表 3 位的数字编号，如果将 3 更改为 2，则代表两位的数字编号；扩展名".png"代表图片的编码格式为 PNG
fps	指定每隔几帧就导出一张图片。例如，设置为 5 表示每隔 5 帧就导出一张图片，设置为 10 则表示每隔 10 帧就导出一张图片

（2）第 3 行代码中的"%03d"是一个格式化字符串，用于指定数字的输出格式。如果数字位数小于 3，输出时自动在前面补 0；如果数字位数大于或等于 3，则原样输出。演示代码如下：

```
1    a = 8
2    b = 120
3    c = 36000
4    print('%03d' % a)
5    print('%03d' % b)
6    print('%03d' % c)
```

运行结果如下：

```
1    008
2    120
3    36000
```

◎ 运行结果

运行本案例的代码后，可在文件夹"输出图片"下看到导出的一系列静态图片，如下图所示。

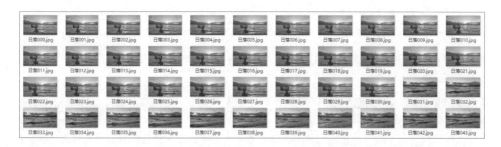

案例 04　将指定时间点的画面导出为图片

　◎　代码文件：将指定时间点的画面导出为图片.ipynb
　◎　素材文件：苏州四大古镇.mp4

◎ 应用场景

 牛老师，上一个案例批量截取了多帧画面，如果只需要截取某个时间点的画面，MoviePy 模块应该也能做到吧？

 这个需求很常见，实现起来也很简单，使用 MoviePy 模块中的 save_frame() 函数就可以啦。

◎ 实现代码

```
1  from moviepy.editor import VideoFileClip  # 从MoviePy模
   块的子模块editor中导入VideoFileClip类
2  video_clip = VideoFileClip('苏州四大古镇.mp4')  # 读取要
   导出为图片的视频
3  video_clip.save_frame('视频封面.jpg')  # 将视频第1秒的画
   面导出为".jpg"格式图片
4  video_clip.save_frame('周庄古镇.jpg', t=4)  # 将视频第4秒
   的画面导出为".jpg"格式图片
```

◎ 代码解析

第 2 行代码用于读取要导出为图片的视频"苏州四大古镇.mp4"。

第 3 行代码用于将视频第 1 秒的画面导出为图片"视频封面.jpg"。

第 4 行代码用于将视频第 4 秒的画面导出为图片"周庄古镇.jpg"。

上述代码中使用的文件路径均为相对路径，也可使用绝对路径。

◎ 知识延伸

第 3 行和第 4 行代码中的 save_frame() 函数用于将视频中指定时间点的画面导出为指定格式的图片，其常用语法格式如下：

save_frame(filename, t)

各参数的说明见表 5-6。

表 5-6　save_frame() 函数的参数说明

参数	说明
filename	指定导出图片的存储位置和文件名

（续）

参数	说明
t	指定将哪个时间点的画面导出为图片。当省略该参数时，默认将第 1 秒的画面导出为图片

◎ 运行结果

　　运行本案例的代码后，可在当前工作目录下看到导出的图片"视频封面.jpg"和"周庄古镇.jpg"。打开这两张图片，效果如下左图和下右图所示。

案例 05　将视频导出为 GIF 动画

　　◎　代码文件：将视频导出为GIF动画.ipynb
　　◎　素材文件：萌萌的考拉.mp4

◎ 应用场景

牛老师，我看到小伙伴在微信上发了一些有趣的 GIF 动画表情，好像是用视频转换生成的。我也想制作这样的 GIF 动画，您能不能教教我？

使用 MoviePy 模块中的 write_gif() 函数可以将视频导出为 GIF 动画。下面就来教你编写代码。

◎ 实现代码

```
1    from moviepy.editor import VideoFileClip    # 从MoviePy
```

模块的子模块editor中导入VideoFileClip类

```
2   video_clip = VideoFileClip('萌萌的考拉.mp4', target_
    resolution=(None, 320))  # 读取要导出为GIF动画的视频
3   video_clip.write_gif('考拉.gif', fps=8, loop=0)  # 将
    视频导出为GIF动画
```

◎ 代码解析

第 2 行代码用于读取要导出为 GIF 动画的视频 "萌萌的考拉.mp4"，并将视频的帧宽度修改为 320 像素，帧高度则根据原始宽高比自动计算。

第 3 行代码用于将视频导出为 GIF 动画 "考拉.gif"，GIF 动画的帧率为 8，并且永久循环播放。

上述代码中使用的文件路径均为相对路径，也可使用绝对路径。

◎ 知识延伸

（1）为便于在网络上传输，GIF 动画的画面尺寸通常不会太大。因此，第 2 行代码在读取视频时通过参数 target_resolution 缩小了视频的帧高度和帧宽度。如果其中一个值是具体的数字，另一个值是 None，则表示根据已给出具体数字的值和视频的原始宽高比自动计算另一个值。

（2）第 3 行代码中的 write_gif() 函数用于将视频导出为 GIF 动画，其常用语法格式如下：

write_gif(filename, fps=None, loop=0)

各参数的说明见表 5-7。

表 5-7　write_gif() 函数的参数说明

参数	说明
filename	指定 GIF 动画的存储位置和文件名
fps	指定 GIF 动画的帧率。如果省略该参数，则使用视频的帧率。为了控制文件的大小，GIF 动画的帧率没有必要设置得很高，一般不会超过 15
loop	指定 GIF 动画循环播放的次数。默认值为 0，表示永久循环播放；设置为 2 表示循环播放两次，设置为 3 表示循环播放 3 次，依此类推

◎ 运行结果

　　下左图所示为视频文件"萌萌的考拉.mp4"的画面效果。运行本案例的代码后，打开导出的 GIF 动画"考拉.gif"，效果如下右图所示。

 举一反三　截取视频片段并导出为 GIF 动画

◎　代码文件：截取视频片段并导出为GIF动画.ipynb
◎　素材文件：淘气的猫咪.mp4

　　如果只想将视频中的某个片段导出为 GIF 动画，可用如下代码来实现：

```
1  from moviepy.editor import VideoFileClip  # 从MoviePy模
   块的子模块editor中导入VideoFileClip类
2  video_clip = VideoFileClip('淘气的猫咪.mp4')  # 读取要导
   出为GIF动画的视频
3  new_clip = video_clip.subclip(1, 4)  # 从视频中截取第1~4
   秒的片段
4  new_clip = new_clip.crop(width=650, height=650, x_cen-
   ter=video_clip.w / 2, y_center=video_clip.h / 2)  # 裁剪
   视频片段的画面
5  new_clip = new_clip.resize(0.2)  # 缩小视频片段的画面尺寸
6  new_clip.write_gif('猫咪.gif', fps=8, loop=0)  # 将处理
   好的视频片段导出为GIF动画
```

上述代码中使用了一些新的函数和属性。第 3 行代码中的 subclip() 函数、第 4 行代码中的 crop() 函数、第 4 行代码中的 w 属性和 h 属性、第 5 行代码中的 resize() 函数均将在第 6 章进行详细介绍。

运行本案例的代码后，打开导出的 GIF 动画"猫咪.gif"，可看到该 GIF 动画只会循环播放原视频中第 1～4 秒的局部画面。

案例 06　将多张图片合成为视频

◎ 代码文件：将多张图片合成为视频.ipynb
◎ 素材文件：书籍推荐展示（文件夹）

◎ 应用场景

 牛老师，我突然有一个大胆的想法：既然可以将视频转换为图片，那么能不能用图片合成视频呢？

 你的这个想法一点也不大胆，用 MoviePy 模块中的 ImageSequenceClip 类很容易就能实现。下图所示为文件夹"书籍推荐展示"中的几张广告设计图，下面就用这些图片给你演示一下如何编写代码吧。

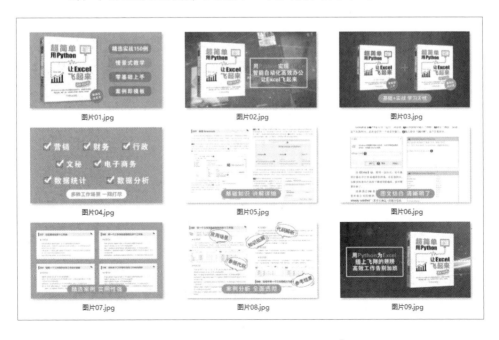

◎ 实现代码

```
1  from pathlib import Path  # 导入pathlib模块中的Path类
2  from moviepy.editor import ImageSequenceClip  # 从Movie-
   Py模块的子模块editor中导入ImageSequenceClip类
3  src_folder = '书籍推荐展示'  # 指定来源文件夹的路径
4  file_list = list(Path(src_folder).glob('*.jpg'))  # 获
   取来源文件夹下所有".jpg"格式图片的路径列表
5  duration_list = [3] * len(file_list)  # 设置每张图片在视
   频中显示的时长
6  new_video = ImageSequenceClip(src_folder, durations=du-
   ration_list)  # 将多张图片合成为一个视频
7  new_video.write_videofile('广告视频.mp4', fps=25)  # 导
   出用图片合成的视频
```

◎ 代码解析

第 1 行代码用于导入 pathlib 模块中的 Path 类。

第 2 行代码用于从 MoviePy 模块的子模块 editor 中导入 ImageSequence-Clip 类。

第 3 行代码用于指定来源文件夹的路径，读者可根据实际需求修改。

第 4 行代码用于在来源文件夹下查找扩展名为 ".jpg" 的图片，并将查找到的图片的路径转换成一个列表。

第 5 行代码生成了一个列表，该列表的元素个数为来源文件夹中图片的张数，每个元素值都为 3，表示每张图片在视频中显示 3 秒。读者可根据实际需求将 3 更改为其他数值。

第 6 行代码用于将多张图片合成为一个视频。

第 7 行代码用于导出合成的视频。读者可根据实际需求修改视频的存储位置和文件名。

◎ 知识延伸

（1）第 4 行代码中的 list() 函数是 Python 的内置函数，用于将可迭代的序列转换为列表。

（2）第 5 行代码中的 len() 函数用于统计列表的元素个数（详见 2.2.3 节），"*" 运算符则用于复制列表元素。假设来源文件夹中有 9 张图片，那么路径列表 file_list 中就有 9 个路径，len(file_list) 会返回 9，则 [3] * len(file_list) 会得到列表 [3, 3, 3, 3, 3, 3, 3, 3, 3]。

（3）第 6 行代码中的 ImageSequenceClip 类用于将图片合成为视频，其常用语法格式如下：

ImageSequenceClip(sequence, durations=None)

各参数的说明见表 5-8。

表 5-8 ImageSequenceClip 类的参数说明

参数	说明
sequence	指定要制作视频的图片。如果传入的是字符串，则这个字符串需代表存放图片的文件夹路径；如果传入的是列表，则列表的元素为各张图片的路径字符串
durations	传入一个列表，用于指定每张图片在视频中显示的时长，列表的元素个数需与图片的张数一致。可以为每张图片分别指定不同的时长，如 [3, 1, 4, 2, 5]

◎ 运行结果

运行本案例的代码后，打开生成的视频文件"广告视频.mp4"，可以看到视频画面中依次显示来源文件夹下的图片，每张图片持续显示 3 秒。

第 **6** 章

视频的剪辑与调整

　　本章将详细介绍如何利用 MoviePy 模块实现视频剪辑与调整的一些基本操作,例如,旋转视频画面、调整视频画面尺寸、为视频添加边框、截取视频片段、裁剪视频画面、更改视频播放速度等。

案例 01　旋转视频画面

◎　代码文件：旋转视频画面.ipynb
◎　素材文件：一个人的背影.mp4

◎ 应用场景

 牛老师，我用手机拍了一段视频，拍的时候是横版的，但在计算机上播放却是竖版显示。能不能用 Python 把画面旋转一下，恢复正常呢?

 当然可以。使用 MoviePy 模块提供的 rotate() 函数，就能将视频画面旋转任意角度。

◎ 实现代码

```
1    from moviepy.editor import VideoFileClip  # 从MoviePy模
     块的子模块editor中导入VideoFileClip类
2    video_clip = VideoFileClip('一个人的背影.mp4')  # 读取要
     旋转的视频
3    new_video = video_clip.rotate(angle=90)  # 将视频画面逆
     时针旋转90°
4    new_video.write_videofile('一个人的背影1.mp4')  # 导出旋
     转后的视频
```

◎ 代码解析

第 1 行代码用于从 MoviePy 模块的子模块 editor 中导入 VideoFileClip 类。

第 2 行代码用于读取要旋转的视频"一个人的背影.mp4"。

第 3 行代码用于将视频画面逆时针旋转 90°。参数 angle 的值默认代表角度值，为正数时表示逆时针旋转，为负数时表示顺时针旋转。读者可按照"知识延伸"中的讲解修改该参数。

第 4 行代码用于导出旋转后的视频。

上述代码中使用的文件路径均为相对路径，读者可根据实际需求修改为绝对路径。

◎ 知识延伸

第 3 行代码中的 rotate() 函数用于旋转视频画面，其常用语法格式如下：

rotate(angle, unit='deg')

各参数的说明见表 6-1。

表 6-1　rotate() 函数的参数说明

参数	说明
angle	指定旋转的量。正数表示逆时针旋转，负数表示顺时针旋转
unit	指定参数 angle 的值的单位。默认值为 'deg'，表示角度；若设置为 'rad'，则表示弧度

◎ 运行结果

下左图所示为视频文件"一个人的背影.mp4"的播放效果。运行本案例的代码后，打开生成的视频文件"一个人的背影1.mp4"，可看到画面逆时针旋转了 90°，如下右图所示。

案例 02　读取视频文件时调整画面尺寸

◎　代码文件：读取视频文件时调整画面尺寸.ipynb
◎　素材文件：油菜花.mp4

◎ 应用场景

牛老师，我想把多个视频素材拼接在一起，但是它们的画面尺寸大小不一，有没有必要预先调整成一样的大小呢？

当然有必要，不然拼接出的视频会出现花屏现象。在第 5 章的案例 01 中讲解 VideoFileClip 类的语法格式时介绍过一个参数 target_resolution，通过它可以在读取视频文件时更改画面尺寸。下面就来看看这个参数的具体用法吧。

◎ 实现代码

```
1  from moviepy.editor import VideoFileClip  # 从MoviePy模
   块的子模块editor中导入VideoFileClip类
2  video_clip0 = VideoFileClip('油菜花.mp4')  # 读取视频，不
   修改画面尺寸
3  print(video_clip0.size)  # 输出视频的画面尺寸
4  video_clip1 = VideoFileClip('油菜花.mp4', target_resolu-
   tion=[360, 1000])  # 读取视频，并且同时修改帧高度和帧宽度
5  video_clip1.write_videofile('油菜花1.mp4')  # 导出调整画
   面尺寸后的视频
6  video_clip2 = VideoFileClip('油菜花.mp4', target_resolu-
   tion=[None, 640])  # 读取视频，并且只修改帧宽度
7  video_clip2.write_videofile('油菜花2.mp4')  # 导出调整画
   面尺寸后的视频
```

◎ 代码解析

第 1 行代码用于从 MoviePy 模块的子模块 editor 中导入 VideoFileClip 类。

第 2 行代码用于读取视频文件"油菜花.mp4"，但不修改画面尺寸。

第 3 行代码用于输出视频文件"油菜花.mp4"的画面尺寸。

第 4 行代码再次读取视频文件"油菜花.mp4"，并且将帧高度修改为 360 像素，将帧宽度修改为 1000 像素。

第 5 行代码用于导出修改画面尺寸后的视频文件。

第 6 行代码再次读取视频文件"油菜花.mp4"，并且将帧宽度修改为 640 像素，帧高度则根据原始宽高比自动计算。

第 7 行代码用于导出修改画面尺寸后的视频文件。

上述代码中使用的文件路径均为相对路径，读者可根据实际需求修改为绝对路径。

◎ 知识延伸

（1）第 3 行代码中的 size 属性可返回一个列表，列表中有两个元素，分别代表视频的帧宽度和帧高度。

（2）第 4 行代码为参数 target_resolution 同时指定了帧高度和帧宽度，有可能导致画面变形。第 6 行代码只指定了帧宽度，而将帧高度设置为 None，表示根据帧宽度和原始宽高比自动计算帧高度，这样可以在修改画面尺寸后保持宽高比不变，让画面不变形。如果想只指定帧高度并自动计算帧宽度，则将帧宽度设置为 None，如 [360, None]。

（3）需要注意的是，size 属性返回的列表中，两个元素分别代表帧宽度和帧高度。而传给参数 target_resolution 的列表或元组中，两个元素分别代表帧高度和帧宽度。

◎ 运行结果

运行本案例的代码后，输出结果如下：

```
1  [1280, 720]
```

打开视频文件"油菜花1.mp4"的"属性"对话框，在"详细信息"选项卡下可看到该视频的帧宽度和帧高度分别为 1000 像素和 360 像素，如下左图所示。如果播放该视频文件，会看到画面明显变形。

用相同的方法可以看到视频文件"油菜花2.mp4"的帧宽度和帧高度分别为 640 像素和 360 像素，如下右图所示。如果播放该视频文件，会看到画面没有变形。

案例 03　按比例调整视频画面的尺寸

 ◎ 代码文件：按比例调整视频画面的尺寸.ipynb
　　　　　　　◎ 素材文件：美丽的日出.mp4

◎ 应用场景

 牛老师，案例 02 的方法是在读取视频文件时修改画面的尺寸，如果我想在剪辑过程中修改画面的尺寸，还有其他方法吗？

 当然有啦！使用 MoviePy 模块的 resize() 函数也能修改视频的画面尺寸，而且使用方式更加灵活。

◎ 实现代码

```
1  from moviepy.editor import VideoFileClip  # 从MoviePy模
   块的子模块editor中导入VideoFileClip类
2  video_clip = VideoFileClip('美丽的日出.mp4')  # 读取视频
3  new_video = video_clip.resize(newsize=0.5)  # 按比例调整
   视频的帧高度和帧宽度
4  new_video.write_videofile('美丽的日出1.mp4')  # 导出调整
   后的视频
```

◎ 代码解析

第 1 行代码用于从 MoviePy 模块的子模块 editor 中导入 VideoFileClip 类。

第 2 行代码用于读取视频文件 "美丽的日出.mp4"。

第 3 行代码用于按比例调整视频的帧高度和帧宽度，其中的 newsize=0.5 表示将帧高度和帧宽度调整为原来的 50%，读者可根据实际需求更改比例值。

第 4 行代码用于导出调整后的视频文件。

上述代码中的文件路径均为相对路径，读者可根据需求修改为绝对路径。

◎ 知识延伸

第 3 行代码中的 resize() 函数用于调整视频的帧高度和帧宽度。在使用该函数前，需安装好 3 个第三方模块的其中一个模块：OpenCV 模块，安装命令为"pip install opencv-python"；SciPy 模块，安装命令为"pip install scipy"；Pillow 模块，安装命令为"pip install pillow"。

resize() 函数的常用语法格式有两种。第 1 种语法格式如下：

resize(newsize=None)

在第 1 种语法格式中，参数 newsize 的值有两种类型。

第 1 种类型是一个数字，代表帧高度和帧宽度的缩放比例，如 0.5 或 2。当参数值小于 1 时，会缩小帧高度和帧宽度；当参数值大于 1 时，会增大帧高度和帧宽度。

第 2 种类型是一个含有两个元素的列表或元组，两个元素分别代表帧宽度和帧高度。例如，(1000, 360) 表示将帧宽度和帧高度分别设置为 1000 像素和 360 像素。

第 2 种语法格式如下：

resize(height=None, width=None)

在第 2 种语法格式中，参数 height 和 width 分别用于指定帧高度和帧宽度。通常只需设置其中一个参数，函数会根据原始宽高比自动计算另一个参数。如果同时设置了两个参数，则函数会忽略 width 的值。

◎ 运行结果

利用"属性"对话框可以看到原视频文件"美丽的日出.mp4"的帧宽度和帧高度分别为 1920 像素和 1080 像素，如下左图所示。运行本案例的代码后，利用"属性"对话框可以看到视频文件"美丽的日出1.mp4"的帧宽度和帧高度分别为 960 像素和 540 像素，如下右图所示，也就是将原视频的帧宽度和帧高度分别乘以 0.5 的结果。

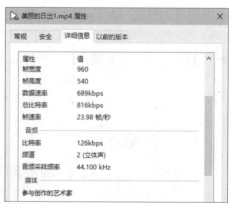

举一反三 按数值调整视频画面的尺寸

◎ 代码文件：按数值调整视频画面的尺寸.ipynb
◎ 素材文件：美丽的日出.mp4

前面演示了 resize() 函数的第 1 种语法格式，下面来演示第 2 种语法格式，代码如下：

```
1  from moviepy.editor import VideoFileClip  # 从MoviePy模块的子模块editor中导入VideoFileClip类
2  video_clip = VideoFileClip('美丽的日出.mp4')  # 读取视频
3  new_video1 = video_clip.resize(height=640)  # 设置视频的帧高度为640像素
4  new_video1.write_videofile('美丽的日出2-1.mp4')  # 导出设置帧高度后的视频
5  new_video2 = video_clip.resize(width=640)  # 设置视频的帧宽度为640像素
6  new_video2.write_videofile('美丽的日出2-2.mp4')  # 导出设置帧宽度后的视频
```

运行本案例的代码后，同样利用"属性"对话框查看导出的视频文件"美丽的日出2-1.mp4"和"美丽的日出2-2.mp4"的帧宽度和帧高度，分别如下左图和下右图所示。

案例 04　为视频添加同等宽度的边框

◎ 代码文件：为视频添加同等宽度的边框.ipynb
◎ 素材文件：深夜的列车.mp4

◎ 应用场景

 有时候为了提高视频画面的整体美感，需要为画面添加边框。用 Python 能不能做到呢？

 使用 MoviePy 模块中的 margin() 函数就可以轻松地为视频画面添加边框，而且可以自定义边框的宽度和颜色。

◎ 实现代码

```
1  from moviepy.editor import VideoFileClip  # 从MoviePy模
   块的子模块editor中导入VideoFileClip类
2  video_clip = VideoFileClip('深夜的列车.mp4')  # 读取视频
3  new_video = video_clip.margin(mar=40, color=(255, 255,
   0)) # 为视频添加同等宽度的边框
4  new_video.write_videofile('深夜的列车1.mp4') # 导出添加边
   框后的视频
```

◎ 代码解析

第 1 行代码用于从 MoviePy 模块的子模块 editor 中导入 VideoFileClip 类。

第 2 行代码用于读取要添加边框的视频"深夜的列车.mp4"。

第 3 行代码用于为视频画面的四边统一添加边框，边框的宽度为 40 像素，RGB 颜色值为 (255, 255, 0)。读者可根据实际需求修改边框的宽度和颜色。需要注意的是，边框是添加在画面外部的。假设原视频画面的帧宽度和帧高度分别为 1280 像素和 720 像素，则添加宽 40 像素的边框后，帧宽度和帧高度分别变为 1360 像素和 800 像素。

第 4 行代码用于导出添加了边框后的视频。

上述代码中的文件路径均为相对路径，读者可根据需求修改为绝对路径。

◎ 知识延伸

第 3 行代码中的 margin() 函数用于为视频画面添加边框，其常用语法格式如下：

margin(mar=None, left=0, right=0, top=0, bottom=0, color=(0, 0, 0))

各参数的说明见表 6-2。

表 6-2　margin() 函数的参数说明

参数	说明
mar	统一指定所有边框的宽度（单位：像素）
left、right、top、bottom	分别指定左、右、顶、底的边框宽度（单位：像素）。如果已经指定了参数 mar，则这 4 个参数会被忽略
color	指定边框的颜色，默认颜色为黑色

◎ 运行结果

下左图所示为未添加边框的原视频文件"深夜的列车.mp4"。运行本案例的代码后，打开生成的视频文件"深夜的列车1.mp4"，可看到添加同等宽度边框的效果，如下右图所示。

 举一反三　为视频添加不同宽度的边框

　◎　代码文件：为视频添加不同宽度的边框.ipynb
　　　　◎　素材文件：深夜的列车.mp4

使用 margin() 函数还可以为视频画面添加不同宽度的边框，代码如下：

```
1  from moviepy.editor import VideoFileClip  # 从MoviePy模
   块的子模块editor中导入VideoFileClip类
2  video_clip = VideoFileClip('深夜的列车.mp4')  # 读取视频
3  new_video = video_clip.margin(left=50, right=20, top=
   30, bottom=10, color=(255, 255, 0))  # 为视频添加不同宽度
   的边框
4  new_video.write_videofile('深夜的列车2.mp4')  # 导出添加
   边框后的视频
```

运行本案例的代码后，打开生成的视频文件"深夜的列车 2.mp4"，可看到画面的四边分别添加了不同宽度的边框，如右图所示。

案例 05　截取视频的片段

◎ 代码文件：截取视频的片段.ipynb
◎ 素材文件：锦里古街.mp4

◎ 应用场景

 在拍摄视频素材时，我通常都会尽可能多拍一些，为后期剪辑留下足够的余地。牛老师，我这样做对吗？

 你做得没错。所以，从视频素材中截取需要的片段也就成了视频剪辑中最重要的基本操作之一。下面就来学习使用 MoviePy 模块中的 subclip() 函数截取视频片段吧。

◎ 实现代码

```
1    from moviepy.editor import VideoFileClip  # 从MoviePy模
     块的子模块editor中导入VideoFileClip类
2    video_clip = VideoFileClip('锦里古街.mp4')  # 读取视频
3    new_video = video_clip.subclip(0, 20)  # 截取视频第0～20
     秒的内容
4    new_video.write_videofile('片段.mp4', audio=False)  # 导
     出截取的视频片段
```

◎ 代码解析

第 1 行代码用于从 MoviePy 模块的子模块 editor 中导入 VideoFileClip 类。

第 2 行代码用于读取要截取片段的视频 "锦里古街.mp4"。

第 3 行代码用于从读取的视频中截取第 0 ～ 20 秒的内容。

第 4 行代码用于导出截取的视频片段，并且不导出音频。

上述代码中的文件路径均为相对路径，读者可根据需求修改为绝对路径。

◎ 知识延伸

第 3 行代码中的 subclip() 函数用于从视频中截取两个时间点之间的内容，其常用语法格式如下：

subclip(t_start=0, t_end=None)

各参数的说明见表 6-3。

表 6-3　subclip() 函数的参数说明

参数	说明
t_start	指定片段的起始时间点。参数值有 4 种表示方式：①秒，为一个浮点型数字，如 47.15；②分钟和秒组成的元组，如 (2, 13.25)；③时、分、秒组成的元组，如 (0, 2, 13.25)；④用冒号分隔的时间字符串，如 '0:2:13.25'
t_end	指定片段的结束时间点。若省略该参数，则截取到视频的结尾，例如，subclip(5) 表示从第 5 秒截取到结尾；若参数值为负数，则 t_end 被设置为视频的完整时长与该数值之和，例如，subclip(5, -2) 表示从第 5 秒截取到结尾前 2 秒

◎ 运行结果

　　运行本案例的代码后，打开生成的视频文件"片段.mp4"，可看到其内容为原视频第 0～20 秒的内容。

案例06　批量删除视频的片尾

　◎　代码文件：批量删除视频的片尾.ipynb、知识延伸.ipynb
　◎　素材文件：带片尾的视频（文件夹）

◎ 应用场景

牛老师，我从一个短视频平台下载了一些作品（见下左图），用于学习视频剪辑技法。这些视频都带有时长 4 秒的片尾（见下右图），对于我的学习来说用处不大，有没有什么方法可以快速批量删除这些视频的片尾，从而节约存储空间呢？

删除视频的片尾，实际上就是将除片尾之外的内容截取出来。再结合使用 for 语句进行批量处理，就可以解决你的问题啦。

◎ 实现代码

```
1   from pathlib import Path    # 导入pathlib模块中的Path类
2   from moviepy.editor import VideoFileClip  # 从MoviePy模
    块的子模块editor中导入VideoFileClip类
3   src_folder = Path('带片尾的视频')  # 指定来源文件夹的路径
```

```
4    des_folder = Path('删除视频片尾')  # 指定目标文件夹的路径
5    if not des_folder.exists():  # 如果目标文件夹不存在
6        des_folder.mkdir(parents=True)  # 则创建目标文件夹
7    for i in src_folder.glob('*.mp4'):  # 遍历来源文件夹中扩
         展名为 ".mp4" 的文件
8        video_clip = VideoFileClip(str(i))  # 读取要删除片尾
         的视频
9        new_video = video_clip.subclip(0, -4)  # 截取视频从
         开头到结尾前4秒的内容
10       video_path = des_folder / i.name  # 构造导出视频的路径
11       new_video.write_videofile(str(video_path))  # 导出删
         除片尾后的视频
```

◎ 代码解析

第 3 行和第 4 行代码分别用于指定来源文件夹和目标文件夹的路径。

第 5 行和第 6 行代码用于创建目标文件夹。

第 7 行代码用于遍历来源文件夹中扩展名为 ".mp4" 的文件。

第 8 行代码用于读取遍历到的视频文件。

第 9 行代码用于截取视频片段，这里截取了从开头到结尾前 4 秒的内容，从而达到删除片尾的目的。

第 10 行和第 11 行代码用于将删除片尾后的视频导出到目标文件夹中，文件名为原视频文件名。

上述代码中的文件路径均为相对路径，读者可根据需求修改为绝对路径。

◎ 知识延伸

读取视频文件会占用较多的系统资源，批量处理通常涉及多个文件，占用的系统资源也会更多。Python 有一定的机制来自动清理系统资源，我们也可以在代码中主动关闭不再使用的视频文件。对于本案例来说，可以将第 7 ～ 11 行代码修改为如下代码：

```
1    for i in src_folder.glob('*.mp4'):
```

```
2        with VideoFileClip(str(i)) as video_clip:
3            new_video = video_clip.subclip(0, -4)
4            video_path = des_folder / i.name
5            new_video.write_videofile(str(video_path))
```

其中最主要的区别是将读取视频文件的代码从原先的赋值运算符形式修改为"with...as..."语句的形式，后续涉及此文件的代码相应增加缩进。这样每处理完一个文件就会自动关闭该文件，从而释放其占用的系统资源。

◎ 运行结果

运行本案例的代码后，打开文件夹"删除视频片尾"，播放其中的任意一个视频文件，可以看到视频的时长缩短了 4 秒，并且播放至结尾时不再有原先的片尾画面。

案例 07   裁剪视频画面

◎   代码文件：裁剪视频画面.ipynb
◎   素材文件：街边小景.mp4

◎ 应用场景

 牛老师，我知道可以用图像处理软件裁剪照片，保留画面中指定的矩形区域。那么是不是也能对视频画面进行裁剪呢？

 我之前说过，视频画面实际上是由一帧帧图像组成的，所以，对视频画面同样可以进行裁剪。这个操作要用到 MoviePy 模块中的 crop() 函数。

◎ 实现代码

```
1    from moviepy.editor import VideoFileClip  # 从MoviePy模
     块的子模块editor中导入VideoFileClip类
2    video_clip = VideoFileClip('街边小景.mp4')  # 读取视频
3    new_video = video_clip.crop(x1=0, y1=436, x2=720, y2=
```

```
     844)    # 裁剪视频画面，保留指定区域
4    new_video.write_videofile('街边小景1.mp4')    # 导出裁剪后
     的视频
```

◎ 代码解析

第 1 行代码用于从 MoviePy 模块的子模块 editor 中导入 VideoFileClip 类。

第 2 行代码用于读取要裁剪画面的视频"街边小景.mp4"。

第 3 行代码用于裁剪视频画面，保留通过两组坐标指定的矩形区域。

第 4 行代码用于导出裁剪画面后的视频。

上述代码中的文件路径均为相对路径，读者可根据需求修改为绝对路径。

◎ 知识延伸

第 3 行代码中的 crop() 函数用于裁剪视频画面，保留指定的矩形区域（以下称为裁剪框）。该函数的常用语法格式如下：

crop(x1=None, y1=None, x2=None, y2=None, width=None,

height=None, x_center=None, y_center=None)

各参数的说明见表 6-4。

表 6-4　crop() 函数的参数说明

参数	说明
x1、y1	指定裁剪框左上角的 x 坐标和 y 坐标
x2、y2	指定裁剪框右下角的 x 坐标和 y 坐标
width	指定裁剪框的宽度
height	指定裁剪框的高度
x_center	指定裁剪框中心点的 x 坐标
y_center	指定裁剪框中心点的 y 坐标

参数中的坐标值以画面的左上角为原点。编写代码时可以只给出一部分参数值，crop() 函数能根据给出的参数值计算出裁剪框的坐标。下面举例说明。

（1）crop(x1=50, y1=60, x2=460, y2=276)：裁剪框左上角和右下角的坐标分别为 (50, 60) 和 (460, 276)。

（2）crop(width=60, height=160, x_center=300, y_center=400)：裁剪框的

宽度为 60 像素，高度为 160 像素，中心点坐标为 (300, 400)。相当于裁剪框左上角和右下角的坐标分别为 (270, 320) 和 (330, 480)。

（3）crop(y1=30)：裁剪框左上角的坐标为 (0, 30)，右下角的坐标为 (帧宽度, 帧高度)。相当于移除 y 坐标 30 像素上方的部分。

（4）crop(x1=10, width=200)：裁剪框左上角的坐标为 (10, 0)，右下角的坐标为 (210, 帧高度)。

（5）crop(y1=100, y2=600, width=400, x_center=300)：裁剪框左上角的坐标为 (100, 100)，右下角的坐标为 (500, 600)。

可以先用第 5 章案例 04 介绍的方法导出一帧画面，再借助 Photoshop 中的标尺和选区工具获取坐标、宽度和高度等数据。

◎ 运行结果

下左图所示为原视频的播放效果，主体画面的上方和下方都有黑色的区域。运行本案例的代码后，播放生成的视频文件"街边小景1.mp4"，可以看到黑色区域都被裁剪掉了，如下右图所示。

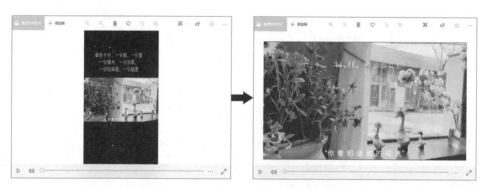

案例 08　批量裁剪视频画面

◎　代码文件：批量裁剪视频画面.ipynb
◎　素材文件：裁剪前（文件夹）

◎ 应用场景

前一个案例是裁剪单个视频的画面。如果想将多个视频的画面批量裁剪成相同的尺寸，又该怎么办呢？

下图所示为文件夹"裁剪前"中的几个视频文件，下面就用这些文件给你演示一下如何编写代码。现在要将这些视频的画面裁剪成相同的尺寸，说明裁剪框的宽度和高度是固定值，此时还需要确定裁剪框左上角、右下角或中心点的坐标，才能确定裁剪框的位置。我就用中心点来举例吧，假设以原视频画面的中心点作为裁剪框的中心点，那么中心点的坐标可以根据原视频的帧宽度和帧高度计算出来。

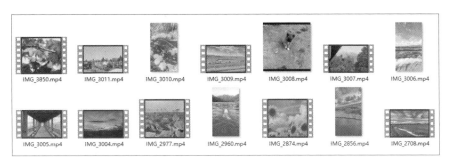

◎ 实现代码

```
1   from pathlib import Path  # 导入pathlib模块中的Path类
2   from moviepy.editor import VideoFileClip  # 从MoviePy模
    块的子模块editor中导入VideoFileClip类
3   src_folder = Path('裁剪前')  # 指定来源文件夹的路径
4   des_folder = Path('裁剪后')  # 指定目标文件夹的路径
5   if not des_folder.exists():  # 如果目标文件夹不存在
6       des_folder.mkdir(parents=True)  # 则创建目标文件夹
7   for i in src_folder.glob('*.mp4'):  # 遍历来源文件夹中扩
    展名为".mp4"的文件
8       video_clip = VideoFileClip(str(i))  # 读取视频
9       x = video_clip.w / 2  # 计算画面中心点的x坐标
10      y = video_clip.h / 2  # 计算画面中心点的y坐标
11      new_video = video_clip.crop(width=640, height=480,
        x_center=x, y_center=y)  # 裁剪视频画面
12      video_path = des_folder / i.name  # 构造导出视频的路径
13      new_video.write_videofile(str(video_path))  # 导出裁
        剪画面后的视频
```

◎ 代码解析

第 3 行和第 4 行代码分别用于指定来源文件夹和目标文件夹的路径。

第 5 行和第 6 行代码用于创建目标文件夹。

第 7 行代码用于遍历来源文件夹中扩展名为 ".mp4" 的文件。

第 8 行代码用于读取遍历到的视频文件。

第 9 行和第 10 行代码分别用于计算画面中心点的 x 坐标和 y 坐标。

第 11 行代码根据固定的宽度值（640 像素）和高度值（480 像素），以及计算出的中心点坐标裁剪视频画面。

第 12 行和第 13 行代码用于将裁剪画面后的视频导出到目标文件夹中，文件名为原视频文件名。

上述代码中的文件路径均为相对路径，读者可根据需求修改为绝对路径。

◎ 知识延伸

第 9 行代码中的 w 和第 10 行代码中的 h 是 MoviePy 模块中的属性，分别用于获取视频的帧宽度和帧高度。将帧宽度和帧高度分别除以 2，就能得到画面中心点的 x 坐标和 y 坐标。

◎ 运行结果

运行本案例的代码后，可在文件夹 "裁剪后" 中看到裁剪画面后的视频文件，如下左图所示。这些视频文件的帧宽度均为 640 像素，帧高度均为 480 像素，如下右图所示。

名称	帧宽度	帧高度
IMG_2708.mp4	640	480
IMG_2856.mp4	640	480
IMG_2874.mp4	640	480
IMG_2960.mp4	640	480
IMG_2977.mp4	640	480
IMG_3004.mp4	640	480
IMG_3005.mp4	640	480
IMG_3006.mp4	640	480
IMG_3007.mp4	640	480
IMG_3008.mp4	640	480
IMG_3009.mp4	640	480
IMG_3010.mp4	640	480
IMG_3011.mp4	640	480
IMG_3850.mp4	640	480

案例 09　制作快播效果的视频

◎　代码文件：制作快播效果的视频.ipynb
◎　素材文件：城市夜景.mp4

◎ 应用场景

 我发现有的视频作品会用快镜头增加节奏感，有的则会用慢镜头渲染艺术意境。这类变速效果是不是要用专业的设备才能拍出来呢？

 当然不是了，这些视频作品实际上是在后期剪辑中把播放速度加快或放慢的。如果要通过编写 Python 代码来实现变速效果，可以使用 MoviePy 模块的 speedx() 函数。

◎ 实现代码

```
1  from moviepy.editor import VideoFileClip  # 从MoviePy模
   块的子模块editor中导入VideoFileClip类
2  video_clip = VideoFileClip('城市夜景.mp4')  # 读取视频
3  new_video = video_clip.speedx(factor=2)  # 设置视频以2倍
   速播放
4  new_video.write_videofile('快播.mp4', audio=False)  # 导
   出视频
```

◎ 代码解析

第 1 行代码用于从 MoviePy 模块的子模块 editor 中导入 VideoFileClip 类。

第 2 行代码用于读取要制作快播效果的视频"城市夜景.mp4"。

第 3 行代码用于设置视频以 2 倍速播放。

第 4 行代码用于导出调整播放速度后的视频。需要注意的是，改变视频的播放速度后，音频也会变调，所以这里将 write_videofile() 函数的参数 audio 设置为 False，即不导出音频。

上述代码中的文件路径均为相对路径，读者可根据需求修改为绝对路径。

◎ 知识延伸

第 3 行代码中的 speedx() 函数用于调整视频的播放速度，其常用语法格式如下：

speedx(factor=None, final_duration=None)

各参数的说明见表 6-5。

表 6-5   speedx() 函数的参数说明

参数	说明
factor	指定变速系数。如果变速系数大于 0 且小于 1，则播放速度会变慢；如果变速系数大于 1，则播放速度会变快
final_duration	指定视频的目标时长，函数会自动计算相应的变速系数。如果目标时长大于原时长，则播放速度会变慢；如果目标时长小于原时长，则播放速度会变快

参数 factor 和 final_duration 只需设置一个。

◎ 运行结果

原视频文件"城市夜景.mp4"的时长为 24 秒，如下左图所示。运行本案例的代码后，生成的视频文件"快播.mp4"的时长变为 12 秒，缩短为原来的一半，如下右图所示。播放该视频文件可看到具体的快播效果。

城市夜景.mp4

快播.mp4

 举一反三   制作慢播效果的视频

◎   代码文件：制作慢播效果的视频.ipynb
◎   素材文件：奔向大海.mp4

前面演示了通过设置 speedx() 函数的参数 factor 来更改视频播放速度，这里演示一下通过设置参数 final_duration 更改视频播放速度，代码如下：

```
1  from moviepy.editor import VideoFileClip  # 从MoviePy模
   块的子模块editor中导入VideoFileClip类
2  video_clip = VideoFileClip('奔向大海.mp4')  # 读取视频
3  new_video = video_clip.speedx(final_duration=15)  # 设
   置视频的目标时长为15秒
4  new_video.write_videofile('慢播.mp4', audio=False)  # 导
   出视频
```

原视频文件"奔向大海.mp4"的时长为 6 秒，如下左图所示。第 3 行代码将视频的目标时长设置为 15 秒，大于原时长，表示将播放速度变慢。当然，也可以通过设置参数 factor 来实现慢速播放的效果，例如，设置 factor=0.5。

运行本案例的代码后，生成的视频文件"慢播.mp4"的时长为 15 秒，如下右图所示。播放该视频文件可看到具体的慢播效果。

奔向大海.mp4

慢播.mp4

第 **7** 章

视频的色彩调整

　　拍摄的视频素材大多在画面的色彩和明暗上存在缺陷，需要在后期处理中进行修复，以优化观看体验。此外，有时为了增强作品的艺术感，还需要将视频画面调整为灰度、负片等特殊的色彩效果。本章就来介绍如何使用 MoviePy 模块调整视频画面的色彩。

案例 01　将彩色视频转换为灰度视频

◎　代码文件：将彩色视频转换为灰度视频.ipynb
◎　素材文件：古建筑.mp4

◎ 应用场景

 牛老师，我觉得彩色的画面挺好看的呀，为什么会需要把它转换成灰度效果呢？

 灰度效果的画面单纯而简洁，具有独特的韵味。有一些怀旧或复古主题的作品也需要借助灰度画面来烘托氛围。下面就来教你使用 MoviePy 模块中的 blackwhite() 函数将彩色视频转换为灰度视频。

◎ 实现代码

```
1  from moviepy.editor import VideoFileClip  # 从MoviePy模
   块的子模块editor中导入VideoFileClip类
2  from moviepy.video.fx.all import blackwhite # 从MoviePy
   模块的子模块video.fx.all中导入blackwhite()函数
3  video_clip = VideoFileClip('古建筑.mp4')  # 读取视频
4  new_video = blackwhite(video_clip, RGB=[0.15, 0.15,
   0.7])  # 将视频画面转换为灰度效果
5  new_video.write_videofile('灰度效果.mp4') # 导出视频
```

◎ 代码解析

第 1 行代码用于从 MoviePy 模块的子模块 editor 中导入 VideoFileClip 类。

第 2 行代码用于从 MoviePy 模块的子模块 video.fx.all 中导入 blackwhite() 函数。

第 3 行代码用于读取要转换为灰度效果的视频"古建筑.mp4"。

第 4 行代码用于将视频画面转换为灰度效果。

第 5 行代码用于导出转换为灰度效果后的视频。

上述代码中的文件路径均为相对路径，读者可根据需求修改为绝对路径。

◎ 知识延伸

第 4 行代码中的 blackwhite() 函数可将视频帧的彩色像素灰度化，其常用语法格式如下：

blackwhite(clip, RGB=None)

各参数的说明见表 7-1。

表 7-1　blackwhite() 函数的参数说明

参数	说明
clip	用于指定要转换为灰度效果的视频
RGB	用于指定 RGB 颜色的权重。默认值为 None，表示 RGB 颜色的权重比为 1∶1∶1。如果参数值设置为 'CRT_phosphor'，则 RGB = [0.2125, 0.7154, 0.0721]，其中的 3 个值之和为 1

◎ 运行结果

运行本案例的代码后，播放生成的视频文件"灰度效果.mp4"，可查看转换的具体效果。

案例 02　提高视频画面的明度

◎ 代码文件：提高视频画面的明度.ipynb
◎ 素材文件：飞机掠过.mp4

◎ 应用场景

牛老师，我拍的视频素材经常不是画面太亮就是画面太暗，总是很难达到理想的效果。我是不是该换设备了？

根据我的经验，不是你的设备不够好，而是你没把控好光线。视频拍摄中的光线运用大有讲究，新手很难在短时间内熟练掌握。不过别担心，我们可以在后期处理中使用 MoviePy 模块的 colorx() 函数调整视频画面的明度。

◎ 实现代码

```
1    from moviepy.editor import VideoFileClip   # 从MoviePy模
```

```
    块的子模块editor中导入VideoFileClip类
2   from moviepy.video.fx.all import colorx  # 从MoviePy模块
    的子模块video.fx.all中导入colorx()函数
3   video_clip = VideoFileClip('飞机掠过.mp4')  # 读取视频
4   new_video = colorx(video_clip, factor=1.8)  # 提高视频画
    面的明度
5   new_video.write_videofile('提高明度.mp4')  # 导出视频
```

◎ 代码解析

第 1 行代码用于从 MoviePy 模块的子模块 editor 中导入 VideoFileClip 类。

第 2 行代码用于从 MoviePy 模块的子模块 video.fx.all 中导入 colorx() 函数。

第 3 行代码用于读取要提高画面明度的视频"飞机掠过.mp4"。

第 4 行代码用于提高视频画面的明度。

第 5 行代码用于导出提高明度后的视频。

上述代码中的文件路径均为相对路径，读者可根据需求修改为绝对路径。

◎ 知识延伸

明度是眼睛对光源和物体表面的明暗程度的感觉。明度指数越高,画面越亮;明度指数越低，画面越暗。

第 4 行代码中的 colorx() 函数通过将视频中每一帧的每个像素的 RGB 值与参数 factor 相乘，达到更改画面明度的目的。该函数的常用语法格式如下：

colorx(clip, factor)

各参数的说明见表 7-2。

表 7-2　colorx() 函数的参数说明

参数	说明
clip	指定要调整画面明度的视频文件
factor	指定 RGB 颜色的变化系数。当参数值大于 1 时，明度提高，画面变亮；当参数值大于 0 且小于 1 时，明度降低，画面变暗。需要注意的是，该参数值不宜设置得过大，否则画面颜色会失真，也不宜设置得过小，否则画面会完全变黑

◎ 运行结果

下左图所示为原视频的播放效果。运行本案例的代码后，播放生成的视频文件"提高明度.mp4"，可以看到画面变亮了，如下右图所示。

 举一反三　降低视频画面的明度

◎　代码文件：降低视频画面的明度.ipynb
◎　素材文件：日落美景.mp4

使用 colorx() 函数还能降低视频画面的明度，只需将参数 factor 的值设置为大于 0 且小于 1 的数字，代码如下：

```
1   from moviepy.editor import VideoFileClip  # 从MoviePy模
    块的子模块editor中导入VideoFileClip类
2   from moviepy.video.fx.all import colorx  # 从MoviePy模块
    的子模块video.fx.all中导入colorx()函数
3   video_clip = VideoFileClip('日落美景.mp4')  # 读取视频
4   new_video = colorx(video_clip, factor=0.8)  # 降低视频画
    面的明度
5   new_video.write_videofile('降低明度.mp4')  # 导出视频
```

运行本案例的代码后，播放生成的视频文件"降低明度.mp4"，可查看降低视频画面明度的具体效果。

案例 03 调整视频画面的亮度和对比度

◎ 代码文件：调整视频画面的亮度和对比度.ipynb
◎ 素材文件：清新小雏菊.mp4

◎ 应用场景

 牛老师，有时由于拍摄环境中的光线不理想，我拍出来的视频在亮度和对比度上都存在缺陷。有没有办法同时解决这两个问题呢？

 有的，使用 MoviePy 模块的 lum_contrast() 函数就可以同时调整视频画面的亮度和对比度。

◎ 实现代码

```
1  from moviepy.editor import VideoFileClip  # 从MoviePy模
   块的子模块editor中导入VideoFileClip类
2  from moviepy.video.fx.all import lum_contrast  # 从Movie-
   Py模块的子模块video.fx.all中导入lum_contrast()函数
3  video_clip = VideoFileClip('清新小雏菊.mp4')  # 读取视频
4  new_video = lum_contrast(video_clip, lum=40, contrast=
   0.5)  # 调整视频画面的亮度和对比度
5  new_video.write_videofile('调整亮度和对比度.mp4')  # 导出
   视频
```

◎ 代码解析

第 1 行代码用于从 MoviePy 模块的子模块 editor 中导入 VideoFileClip 类。

第 2 行代码用于从 MoviePy 模块的子模块 video.fx.all 中导入 lum_contrast() 函数。

第 3 行代码用于读取要调整亮度和对比度的视频"清新小雏菊.mp4"。

第 4 行代码用于调整视频画面的亮度和对比度。

第 5 行代码用于导出调整后的视频。

上述代码中的文件路径均为相对路径，读者可根据需求修改为绝对路径。

◎ 知识延伸

第 4 行代码中的 lum_contrast() 函数用于调整视频画面的亮度和对比度，其常用语法格式如下：

lum_contrast(clip, lum=0, contrast=0, contrast_thr=127)

各参数的说明见表 7-3。

表 7-3　lum_contrast() 函数的参数说明

参数	说明
clip	指定要调整亮度和对比度的视频文件
lum	指定要增加或减少的亮度值，取值范围为 –255～255。取值为正数时，亮度增高，画面变亮；取值为负数时，亮度降低，画面变暗
contrast	指定要增加或减少的对比度值。取值为正数时，画面对比度增加；取值为负数时，画面对比度减弱
contrast_thr	指定对比度调整的基准值，默认值为 127

◎ 运行结果

运行本案例的代码后，播放生成的视频文件"调整亮度和对比度.mp4"，可查看具体的调整效果。

案例 04　反转视频画面色彩实现负片特效

◎　代码文件：反转视频画面色彩实现负片特效.ipynb
◎　素材文件：繁华的都市.mp4

◎ 应用场景

牛老师，负片不是胶卷时代的概念吗？现在已经是数码时代了，为什么还会用到负片呢？

这里的负片是指一种特殊的视觉效果，其明暗与原片相反，其颜色则为原片颜色的补色。使用 MoviePy 模块的 invert_colors() 函数就能对视频画面进行反色处理，得到别具一格的负片特效。

◎ 实现代码

```
1   from moviepy.editor import VideoFileClip  # 从MoviePy模
    块的子模块editor中导入VideoFileClip类
2   from moviepy.video.fx.all import invert_colors  # 从Movie-
    Py模块的子模块video.fx.all中导入invert_colors()函数
3   video_clip = VideoFileClip('繁华的都市.mp4')  # 读取视频
4   new_video = invert_colors(video_clip)  # 反转视频的色彩
5   new_video.write_videofile('负片特效.mp4')  # 导出视频
```

◎ 代码解析

第 1 行代码用于从 MoviePy 模块的子模块 editor 中导入 VideoFileClip 类。

第 2 行代码用于从 MoviePy 模块的子模块 video.fx.all 中导入 invert_colors() 函数。

第 3 行代码用于读取要反转色彩的视频 "繁华的都市.mp4"。

第 4 行代码用于反转视频画面的色彩。

第 5 行代码用于导出反转色彩后的视频。

上述代码中的文件路径均为相对路径，读者可根据需求修改为绝对路径。

◎ 知识延伸

第 4 行代码中的 invert_colors() 函数可以反转视频帧中像素的颜色。该函数的语法格式比较简单，只有一个参数 clip，用于指定要反转色彩的视频文件。

◎ 运行结果

下左图所示为原视频的画面效果。运行本案例的代码后，播放生成的视频文件 "负片特效.mp4"，可看到色彩反转后的画面效果，如下右图所示。

案例 05　为视频设置颜色淡入效果

◎ 代码文件：为视频设置颜色淡入效果.ipynb
◎ 素材文件：一个人的背影.mp4、

◎ 应用场景

 牛老师，颜色淡入是什么意思？它在视频作品的剪辑与制作中又有什么作用呢？

 淡入又叫渐显，它是指画面逐渐显现，最后完全清晰，常用在一个片段的开头，向观众提示时间或空间开始变换。颜色淡入效果则是指画面从某种颜色中逐渐显现。在 Python 中，使用 MoviePy 模块的 fadein() 函数就能为视频设置颜色淡入效果，并且可以指定效果的持续时间和颜色。

◎ 实现代码

```
1  from moviepy.editor import VideoFileClip  # 从MoviePy模
   块的子模块editor中导入VideoFileClip类
2  from moviepy.video.fx.all import fadein  # 从MoviePy模块
   的子模块video.fx.all中导入fadein()函数
3  video_clip = VideoFileClip('一个人的背影.mp4')  # 读取视频
4  new_video = fadein(video_clip, duration=5)  # 为视频设置
   颜色淡入效果
5  new_video.write_videofile('颜色淡入.mp4')  # 导出视频
```

◎ 代码解析

第 1 行代码用于从 MoviePy 模块的子模块 editor 中导入 VideoFileClip 类。
第 2 行代码用于从 MoviePy 模块的子模块 video.fx.all 中导入 fadein() 函数。
第 3 行代码用于读取要设置颜色淡入效果的视频 "一个人的背影.mp4"。
第 4 行代码用于为视频设置颜色淡入效果，效果的持续时间为 5 秒，效果开始时画面颜色为默认的黑色。读者可根据实际需求修改参数 duration 的值。
第 5 行代码用于导出设置颜色淡入效果后的视频。
上述代码中的文件路径均为相对路径，读者可根据需求修改为绝对路径。

◎ 知识延伸

第 4 行代码中的 fadein() 函数能让视频画面在开始播放后的指定时间内从某种颜色（默认为黑色）当中逐渐显现出来，并且不会改变视频的时长。该函数的常用语法格式如下：

fadein(clip, duration, initial_color=None)

各参数的说明见表 7-4。

表 7-4 fadein() 函数的参数说明

参数	说明
clip	指定要设置颜色淡入效果的视频文件
duration	指定淡入效果的持续时间（单位：秒）
initial_color	指定淡入时使用的颜色，如 (160, 100, 95)，默认为黑色

◎ 运行结果

运行本案例的代码后，播放生成的视频文件"颜色淡入.mp4"，开头 5 秒的画面效果如下列三图所示。

案例 06　为视频设置颜色淡出效果

◎　代码文件：为视频设置颜色淡出效果.ipynb
◎　素材文件：一个人的背影.mp4

◎ 应用场景

上一个案例介绍的是为视频设置颜色淡入效果的方法，那么相应地是不是还有颜色淡出效果呢？

是的。淡出又叫渐隐，它是指画面逐渐变淡，最后完全消失，常用在一个片段的结尾。颜色淡出效果则是指画面逐渐隐入某种颜色之中。在 Python 中，为视频设置颜色淡出效果使用的是 MoviePy 模块的 fadeout() 函数。

◎ 实现代码

```python
1  from moviepy.editor import VideoFileClip  # 从MoviePy模
   块的子模块editor中导入VideoFileClip类
2  from moviepy.video.fx.all import fadeout  # 从MoviePy模
   块的子模块video.fx.all中导入fadeout()函数
3  video_clip = VideoFileClip('一个人的背影.mp4')  # 读取视频
4  new_video = fadeout(video_clip, duration=5, final_color=
   (255, 255, 255))  # 为视频设置颜色淡出效果
5  new_video.write_videofile('颜色淡出.mp4')  # 导出视频
```

◎ 代码解析

第 1 行代码用于从 MoviePy 模块的子模块 editor 中导入 VideoFileClip 类。

第 2 行代码用于从 MoviePy 模块的子模块 video.fx.all 中导入 fadeout() 函数。

第 3 行代码用于读取要设置颜色淡出效果的视频 "一个人的背影.mp4"。

第 4 行代码用于为视频设置颜色淡出效果，效果的持续时间为 5 秒，效果结束时画面颜色为白色。读者可根据实际需求修改参数 duration 和 final_color 的值。

第 5 行代码用于导出设置颜色淡出效果后的视频。

上述代码中的文件路径均为相对路径，读者可根据需求修改为绝对路径。

◎ 知识延伸

第 4 行代码中的 fadeout() 函数能让视频画面在结束播放前的指定时间内逐渐隐没在某种颜色（默认为黑色）当中，并且不会改变视频的时长。该函数的常用语法格式如下：

fadeout(clip, duration, final_color=None)

各参数的说明见表 7-5。

表 7-5　fadeout() 函数的参数说明

参数	说明
clip	指定要设置颜色淡出效果的视频文件
duration	指定淡出效果的持续时间（单位：秒）
final_color	指定淡出时使用的颜色，如 (160, 100, 95)，默认为黑色

◎ 运行结果

运行本案例的代码后，播放生成的视频文件"颜色淡出.mp4"，最后 5 秒的画面效果如下列三图所示。

第 **8** 章

视频的拼接与合成

为了呈现更精彩的内容，在视频剪辑与制作的过程中经常需要将多段视频拼接或合成为一个视频。本章就来详细介绍如何利用 MoviePy 模块拼接与合成视频。

案例 01　拼接相同尺寸的视频

◎　代码文件：拼接相同尺寸的视频.ipynb
◎　素材文件：展示.mp4、步骤1.mp4、步骤2.mp4、步骤3.mp4

◎ 应用场景

牛老师，我正在制作一部展示美食烹饪方法的视频作品。由于经验不足，有几个烹饪步骤反复拍摄了好几遍才达到了满意的效果，最终筛选出来的素材有 4 段（见下图）。现在我想把这些素材简单地拼接在一起，组成一个完整的视频。如果用视频剪辑软件来处理，需要先导入各段素材，再按顺序将它们拖动到相应的轨道上，并且要保证两段素材之间无缝衔接，还是比较麻烦的。所以我想请教您，有没有什么办法能够快速地拼接多段视频呢？

简单拼接多段视频的话，使用 MoviePy 模块的 concatenate_videoclips() 函数就可以了。

◎ 实现代码

```
from moviepy.editor import VideoFileClip, concatenate_
videoclips  # 从MoviePy模块的子模块editor中导入VideoFile-
Clip类和concatenate_videoclips()函数
video_clip1 = VideoFileClip('素材1/展示.mp4')  # 读取要拼
接的第1个视频
video_clip2 = VideoFileClip('素材1/步骤1.mp4')  # 读取要
拼接的第2个视频
video_clip3 = VideoFileClip('素材1/步骤2.mp4')  # 读取要
拼接的第3个视频
video_clip4 = VideoFileClip('素材1/步骤3.mp4')  # 读取要
拼接的第4个视频
new_video = concatenate_videoclips([video_clip1, video_
clip2, video_clip3, video_clip4])   # 拼接4个视频
new_video.write_videofile('成品.mp4') # 导出拼接后的视频
```

◎ 代码解析

第 1 行代码用于从 MoviePy 模块的子模块 editor 中导入 VideoFileClip 类和
concatenate_videoclips() 函数。

第 2～5 行代码用于依次读取要拼接的视频文件"展示.mp4""步骤1.mp4"
"步骤2.mp4""步骤3.mp4"，这几个视频文件都位于当前工作目录下的文件夹
"素材1"中。

第 6 行代码用于将读取的 4 个视频按列表中的顺序拼接成一个视频。

第 7 行代码用于导出拼接后的视频。

上述代码中的文件路径均为相对路径，读者可根据需求修改为绝对路径。

◎ 知识延伸

第 6 行代码中的 concatenate_videoclips() 函数用于将多个视频首尾相连
地拼接成一个视频。该函数的常用语法格式如下：

concatenate_videoclips(clips, method='chain')

各参数的说明见表 8-1。

表 8-1　concatenate_videoclips() 函数的参数说明

参数	说明
clips	为一个列表，包含要拼接的多个视频文件。视频文件在列表中的排列顺序就是拼接的顺序
method	指定拼接的方法。默认值为 'chain'，表示仅将各个视频简单地按顺序拼接在一起，如果这些视频的画面尺寸不同，也不会进行修正；参数值为 'compose' 时，如果各个视频的画面尺寸不同，则生成的新视频的画面尺寸取各个视频画面尺寸的最大值，其中画面尺寸较小的视频在播放时将居中显示

◎ 运行结果

运行本案例的代码后，播放拼接得到的视频文件"成品.mp4"，可以看到其时长为原来几个视频的时长的总和。

举一反三　拼接不同尺寸的视频（方法一）

◎　代码文件：拼接不同尺寸的视频（方法一）.ipynb
◎　素材文件：古城随拍01.mp4、古城随拍02.mp4、古城随拍03.mp4

如果视频素材的画面尺寸不同，需将 concatenate_videoclips() 函数的参数 method 设置为 'compose'，否则拼接得到的视频可能会有花屏现象。代码如下：

```
1   from moviepy.editor import VideoFileClip, concatenate_
    videoclips  # 从MoviePy模块的子模块editor中导入VideoFile-
    Clip类和concatenate_videoclips()函数
2   video_clip1 = VideoFileClip('素材2/古城随拍01.mp4')  # 读
    取要拼接的第1个视频
3   video_clip2 = VideoFileClip('素材2/古城随拍02.mp4')  # 读
    取要拼接的第2个视频
4   video_clip3 = VideoFileClip('素材2/古城随拍03.mp4')  # 读
    取要拼接的第3个视频
5   new_video = concatenate_videoclips([video_clip1, video_
```

```
       clip2, video_clip3], method='compose')   # 拼接3个视频
6      new_video.write_videofile('古城随拍.mp4')   # 导出拼接后的
       视频
```

这里要拼接的 3 个视频的画面尺寸分别是 1280×720 像素、1024×576
像素和 1280×720 像素。运行上述代码后，查看拼接得到的视频文件"古城
随拍.mp4"的属性，可看到其画面尺寸为 1280×720 像素。播放该视频，会
看到原第 2 个视频的画面周围有黑边。

 ## 举一反三　拼接不同尺寸的视频（方法二）

◎　代码文件：拼接不同尺寸的视频（方法二）.ipynb
◎　素材文件：古城随拍01.mp4、古城随拍02.mp4、古城随拍03.mp4

拼接不同画面尺寸视频的另一种方法是先用 resize() 函数将多个视频的画
面调整成相同的尺寸，再用 concatenate_videoclips() 函数进行拼接。代码如下：

```
1      from moviepy.editor import VideoFileClip, concatenate_
       videoclips   # 从MoviePy模块的子模块editor中导入VideoFile-
       Clip类和concatenate_videoclips()函数
2      video_clip1 = VideoFileClip('素材2/古城随拍01.mp4')   # 读
       取要拼接的第1个视频
3      video_clip2 = VideoFileClip('素材2/古城随拍02.mp4').re-
       size(newsize=video_clip1.size)      # 读取要拼接的第2个视频
       并调整画面尺寸
4      video_clip3 = VideoFileClip('素材2/古城随拍03.mp4')   # 读
       取要拼接的第3个视频
5      new_video = concatenate_videoclips([video_clip1, video_
       clip2, video_clip3])   # 拼接3个视频
6      new_video.write_videofile('古城随拍.mp4')   # 导出拼接后的
       视频
```

要拼接的 3 个视频中，第 2 个视频的画面尺寸与其他两个视频的画面尺寸不同，因此，第 3 行代码在读取了第 2 个视频后使用 resize() 函数将其画面尺寸设置为与第 1 个视频相同的尺寸。

运行上述代码后，播放拼接得到的视频文件"古城随拍.mp4"，可以看到原第 2 个视频的画面周围不再有黑边。

案例 02　截取一个视频的多段并拼接成新视频

◎　代码文件：截取一个视频的多段并拼接成新视频.ipynb
◎　素材文件：大美青岛.mp4

◎ 应用场景

牛老师，我看到一段展示城市风光的视频，特别喜欢其中几个片段（见下图），想把它们截取出来，然后拼接成一个新视频，该怎么办呢？

可以先用前面讲过的 subclip() 函数截取需要的多个片段，再用 concatenate_videoclips() 函数把这些片段拼接起来。

◎ 实现代码

```
1    from moviepy.editor import VideoFileClip, concatenate_
     videoclips  # 从MoviePy模块的子模块editor中导入VideoFile-
     Clip类和concatenate_videoclips()函数
2    video_clip = VideoFileClip('大美青岛.mp4')  # 读取要截取
     片段的视频
3    clip1 = video_clip.subclip(7, 9)  # 截取第7～9秒的片段
4    clip2 = video_clip.subclip(19, 21)  # 截取第19～21秒的片段
5    clip3 = video_clip.subclip(50, 54)  # 截取第50～54秒的片段
6    clip4 = video_clip.subclip((1, 24), (1, 26))  # 截取1分24
     秒到1分26秒的片段
7    new_video = concatenate_videoclips([clip2, clip1, clip3,
     clip4])  # 拼接截取的片段
8    new_video.write_videofile('大美青岛1.mp4')  # 导出拼接后
     的视频
```

◎ 代码解析

第 1 行代码用于从 MoviePy 模块的子模块 editor 中导入 VideoFileClip 类和 concatenate_videoclips() 函数。

第 2 行代码用于读取要剪辑的视频文件 "大美青岛.mp4"。

第 3～6 行代码分别用于从读取的视频中截取 4 个片段。读者可根据实际需求修改截取的时间点。

第 7 行代码用于将 4 个片段按列表中的顺序拼接为一个视频。读者可根据实际需求修改拼接的顺序。

第 8 行代码用于导出拼接后的视频。

上述代码中的文件路径均为相对路径，读者可根据需求修改为绝对路径。

◎ 知识延伸

第 3～6 行代码中的 subclip() 函数在第 6 章的案例 05 中做过详细介绍，这里不再赘述。

◎ 运行结果

运行本案例的代码后，播放生成的视频文件"大美青岛1.mp4"，可看到该视频只会展示所截取片段的内容。

案例 03　批量拼接多个视频

◎　代码文件：批量拼接多个视频.ipynb
◎　素材文件：批量拼接（文件夹）

◎ 应用场景

牛老师，我想把一个文件夹中的 10 个视频文件（见下图）拼接在一起。如果像前面的案例那样用 VideoFileClip 类逐个读取视频文件，就要编写 10 行代码。我觉得这样太烦琐了，有没有什么方法可以批量读取视频再进行拼接呢？

批量操作的原理其实都差不多。先遍历文件夹中的视频文件，依次读取后添加到一个列表中，再用 concatenate_videoclips() 函数进行拼接就可以啦。

◎ 实现代码

```
1  from pathlib import Path  # 导入pathlib模块中的Path类
2  from moviepy.editor import VideoFileClip, concatenate_
   videoclips  # 从MoviePy模块的子模块editor中导入VideoFile-
```

```
Clip类和concatenate_videoclips()函数
3   src_folder = Path('批量拼接')  # 指定来源文件夹的路径
4   clip_list = []  # 创建一个空列表
5   for i in src_folder.glob('*.mp4'):  # 遍历来源文件夹中所
    有扩展名为 ".mp4" 的视频文件
6       video_clip = VideoFileClip(str(i))  # 读取遍历到的视
        频文件
7       clip_list.append(video_clip)  # 将视频文件添加至列表
8   new_video = concatenate_videoclips(clip_list)  # 拼接视频
9   new_video.write_videofile('花儿.mp4', audio=False)  # 导
    出拼接后的视频
```

◎ 代码解析

第 3 行代码用于指定来源文件夹的路径。

第 4 行代码创建了一个空列表，用于存放读取的视频文件。

第 5 行代码用于遍历来源文件夹中所有扩展名为 ".mp4" 的视频文件。

第 6 行代码用于读取遍历到的视频文件。

第 7 行代码用于将读取的视频文件添加到第 4 行代码创建的列表中。

第 8 行代码用于拼接列表中的多个视频文件。

第 9 行代码用于导出拼接后的视频，并且不导出音频。

上述代码中的文件路径均为相对路径，读者可根据需求修改为绝对路径。

◎ 知识延伸

（1）第 7 行代码中的 append() 函数用于在列表末尾添加元素。需要注意
的是，该函数一次只能添加一个元素。

（2）第 4～7 行代码可以简化为如下所示的一行代码：

```
1   clip_list = [VideoFileClip(str(i)) for i in src_folder.
    glob('*.mp4')]
```

这种写法称为 "列表推导式" 或 "列表解析式"，是 Python 提供的用于快
速创建列表的语法格式，感兴趣的读者可自行做进一步了解。

◎ 运行结果

运行本案例的代码后，播放生成的视频文件"花儿.mp4"，可看到其包含了原先 10 个视频文件的内容。

案例 04　叠加多个视频并设置画面位置

◎　代码文件：叠加多个视频并设置画面位置.ipynb
◎　素材文件：舞蹈01.mp4、舞蹈02.mp4、舞蹈03.mp4

◎ 应用场景

牛老师，MoviePy 模块能不能实现在一个大画面中同时呈现多个小画面的效果呢？比如我想在合成的视频中把 3 个视频（见下图）分别安排在画面的左上角、中间和右下角，应该怎么做呢？

使用 MoviePy 模块的 CompositeVideoClip 类可以叠加视频片段，再结合使用 set_position() 函数设置每个视频片段在画面中的位置，就能实现你想要的效果啦。

◎ 实现代码

```
1    from moviepy.editor import VideoFileClip, CompositeVideo-
```

```
      Clip  # 从MoviePy模块的子模块editor中导入VideoFileClip类和
      CompositeVideoClip类
2     clip1 = VideoFileClip('素材/舞蹈01.mp4').subclip(0, 8).
      resize(height=550)  # 读取要叠加的第1个视频，截取第0～8秒
      的片段，并调整画面尺寸
3     clip2 = VideoFileClip('素材/舞蹈02.mp4').subclip(0, 8).
      resize(height=550)   # 读取要叠加的第2个视频，截取第0～8秒
      的片段，并调整画面尺寸
4     clip3 = VideoFileClip('素材/舞蹈03.mp4').subclip(0, 8).
      resize(height=550)   # 读取要叠加的第3个视频，截取第0～8秒
      的片段，并调整画面尺寸
5     new_video = CompositeVideoClip([clip1.set_position((30,
      30)), clip2.set_position('center'), clip3.set_posi-
      tion((940, 140))], size=(1280, 720), bg_color=(244, 164,
      95))   # 叠加3个片段，调整它们在合成视频画面中的位置，并设置
      合成视频的画面尺寸和背景颜色
6     new_video.write_videofile('叠加.mp4', audio=False)  # 导
      出合成视频，并且不导出音频
```

◎ 代码解析

第 2～4 行代码用于读取要叠加的 3 个视频文件，然后分别截取第 0～8 秒的片段，再将帧高度调整为 550 像素（帧宽度将自动计算）。读者可根据实际需求修改时间点和帧高度。

第 5 行代码用于将处理后的 3 个片段叠加合成为一个新视频，其中使用 set_position() 函数调整了各个片段在合成视频画面中的位置：第 1 个片段在靠近画面左上角的位置，第 2 个片段在画面中间的位置，第 3 个片段在靠近画面右下角的位置。合成视频的帧宽度为 1280 像素，帧高度为 720 像素，背景颜色为 (244, 164, 95)。读者可根据需求修改 3 个片段的位置，以及合成视频的画面尺寸和背景颜色。

第 6 行代码用于导出合成视频，并且不导出音频。

上述代码中的文件路径均为相对路径，读者可根据需求修改为绝对路径。

◎ 知识延伸

（1）第 5 行代码中的 CompositeVideoClip 类用于叠加多个视频，其常用语法格式如下：

CompositeVideoClip(clips, size=None, bg_color=None)

各参数的说明见表 8-2。

表 8-2　CompositeVideoClip 类的参数说明

参数	说明
clips	为一个列表，包含要叠加的多个视频文件。视频文件将按照列表中的排列顺序从下到上进行叠加
size	指定叠加后合成视频的画面尺寸。如果参数值为 None，则将第 1 个视频的画面尺寸作为合成视频的画面尺寸
bg_color	指定合成视频的背景颜色，如 (255, 255, 255)。如果参数值为 None，则表示将画面背景设置为透明效果

（2）CompositeVideoClip 类会将视频文件按列表中的顺序从下到上进行叠加。例如，列表为 [clip1, clip2, clip3]，那么叠加时 clip2 压在 clip1 上方，clip3 压在 clip2 和 clip1 上方。如果 clip3 的画面尺寸最大或 3 个视频的画面尺寸一样大，那么 clip1 和 clip2 都会被 clip3 遮住，最终只能看到最上层的 clip3。本案例要在画面中同时显示 3 个片段，所以在第 5 行代码中使用 set_position() 函数设置了每个片段在合成视频画面中的位置。该函数的常用语法格式如下：

set_position(pos, relative=False)

各参数的说明见表 8-3。

表 8-3　set_position() 函数的参数说明

参数	说明
pos	指定视频的位置，常用的取值方式有 3 种：① (x, y)，表示所叠加视频的左上角在合成视频画面中的坐标；② ('center', 'top')，表示水平居中、顶端对齐，类似的设置还有 'bottom'、'right' 和 'left'；③ (factorX, factorY)，表示基于合成视频的画面尺寸设置相对位置，其中 factorX 和 factorY 为 0～1 之间的浮点型数字，函数会将 factorX 和 factorY 分别乘以合成视频的帧宽度和帧高度得到相应的位置坐标

（续）

参数	说明
relative	指定参数 pos 的值是否表示相对位置。如果参数 pos 的取值方式是 (factorX, factorY)，那么参数 relative 的值就要设置为 True。例如：set_position((0.2, 0.5), relative=True)，表示将视频设置在 20% 帧宽度、50% 帧高度的相对位置

（3）CompositeVideoClip 类不仅会叠加视频文件的画面，而且会自动合成音频。但本案例中 3 个视频的音频合成效果并不理想，所以第 6 行代码在导出合成视频时未导出音频。

◎ 运行结果

运行本案例的代码后，播放生成的视频文件"叠加.mp4"，画面效果如右图所示。

案例 05　叠加多个视频并设置开始播放时间

◎　代码文件：叠加多个视频并设置开始播放时间.ipynb
◎　素材文件：天府广场.mp4、金融城双子塔.mp4、安顺廊桥.mp4、琴台路.mp4

◎ 应用场景

牛老师，我想将 4 个视频（见下图）合成为一个新视频，并且让后 3 个视频在指定的时间点开始播放，该怎么实现呢？

 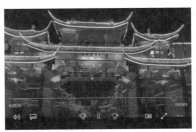

 在使用 CompositeVideoClip 类合成视频时，借助 set_start() 函数为后 3 个视频分别设置开始播放时间就可以了。

◎ 实现代码

```
1  from moviepy.editor import VideoFileClip, CompositeVideo-
   Clip  # 从MoviePy模块的子模块editor中导入VideoFileClip类和
   CompositeVideoClip类
2  clip1 = VideoFileClip('素材/天府广场.mp4')  # 读取要叠加
   的第1个视频
3  clip2 = VideoFileClip('素材/金融城双子塔.mp4')  # 读取要
   叠加的第2个视频
4  clip3 = VideoFileClip('素材/安顺廊桥.mp4')  # 读取要叠加
   的第3个视频
5  clip4 = VideoFileClip('素材/琴台路.mp4')  # 读取要叠加的
   第4个视频
6  new_video = CompositeVideoClip([clip1, clip2.set_start(8),
   clip3.set_start(16), clip4.set_start(24)])  # 叠加视频，并
   为后3个视频设置开始播放时间
7  new_video.write_videofile('合成.mp4', audio=False)  # 导
   出合成视频，并且不导出音频
```

◎ 代码解析

第 2～5 行代码用于读取要叠加的 4 个视频。

第 6 行代码用于将读取的 4 个视频叠加合成为一个视频。在合成视频中，第 1 个视频从默认的第 0 秒开始播放，第 2 个视频从第 8 秒开始播放，第 3 个视频从第 16 秒开始播放，第 4 个视频从第 24 秒开始播放。读者可以根据实际

需求修改每个视频开始播放的时间，但要注意考虑各视频的时长，不要让两个视频之间出现空白画面。

◎ 知识延伸

第 6 行代码中的 set_start() 函数用于在将多个视频叠加成一个视频时，设置各个视频在合成视频中开始播放的时间。与其对应的是 set_end() 函数，用于设置各个视频在合成视频中结束播放的时间。这两个函数的常用语法格式相同，只有一个参数 t，用于指定开始播放或结束播放的时间。这个参数有 4 种表示方式：①秒，为一个浮点型数字，如 47.15；②分钟和秒组成的元组，如 (2, 13.25)；③时、分、秒组成的元组，如 (0, 2, 13.25)；④用冒号分隔的时间字符串，如 '0:2:13.25'。

◎ 运行结果

运行本案例的代码后，播放生成的视频文件"合成.mp4"，可以看到分别在指定的时间点开始切换画面内容，如下列 4 幅图所示。

第 **9** 章

创意视频制作

想要让视频作品吸引人，除了要有精彩的内容，有时还要运用一定的创意表现手法。本章就来讲解一些能增强视频吸引力的创意效果，如画面翻转效果、画面镜像效果、三分屏效果、画中画效果、叠化转场效果、手绘效果、时光倒流效果等。

案例 01　制作水平翻转的视频

◎　代码文件：制作水平翻转的视频.ipynb
◎　素材文件：拥抱春天.mp4

◎ 应用场景

牛老师，如果视频画面中的人物原来是朝右看的，我想让人物朝左看，应该怎么办呢？

将视频画面做水平翻转就可以了。在 Python 中，可以使用 MoviePy 模块的 mirror_x() 函数来实现。

◎ 实现代码

```
1  from moviepy.editor import VideoFileClip  # 从MoviePy模
   块的子模块editor中导入VideoFileClip类
2  from moviepy.video.fx.all import mirror_x  # 从MoviePy
   模块的子模块video.fx.all中导入mirror_x()函数
3  video_clip = VideoFileClip('拥抱春天.mp4')  # 读取视频
4  new_video = mirror_x(video_clip)  # 水平翻转视频画面
5  new_video.write_videofile('水平翻转.mp4')  # 导出视频
```

◎ 代码解析

第 2 行代码用于导入 mirror_x() 函数。

第 3 行代码用于读取要水平翻转的视频"拥抱春天.mp4"。

第 4 行代码用于水平翻转视频画面。

第 5 行代码用于导出水平翻转画面后的视频。

上述代码中的文件路径均为相对路径，读者可根据需求修改为绝对路径。

◎ 知识延伸

第 4 行代码中的 mirror_x() 函数用于将视频画面左右颠倒，即做水平翻转。该函数的常用参数只有一个，即要翻转的视频文件。

◎ 运行结果

　　下左图所示为原视频的播放效果。运行本案例的代码后，播放生成的视频文件"水平翻转.mp4"，可看到视频画面整体做了水平翻转，如下右图所示。

 举一反三　制作垂直翻转的视频

◎　代码文件：制作垂直翻转的视频.ipynb
◎　素材文件：拥抱春天.mp4

　　如果要垂直翻转视频画面（效果见下图），可以使用 mirror_y() 函数。

　　代码如下：

```
1  from moviepy.editor import VideoFileClip  # 从MoviePy模
   块的子模块editor中导入VideoFileClip类
2  from moviepy.video.fx.all import mirror_y  # 从MoviePy
   模块的子模块video.fx.all中导入mirror_y()函数
3  video_clip = VideoFileClip('拥抱春天.mp4')  # 读取视频
```

```
4    new_video = mirror_y(video_clip)  # 垂直翻转视频画面
5    new_video.write_videofile('垂直翻转.mp4')  # 导出视频
```

第 4 行代码中的 mirror_y() 函数的语法格式与 mirror_x() 函数类似，这里不再赘述。

案例 02　制作竖版三分屏效果的视频

◎　代码文件：制作竖版三分屏效果的视频.ipynb
◎　素材文件：拥抱春天.mp4

◎ 应用场景

 牛老师，短视频平台上正在流行一种三分屏效果（见右图）。我们能不能通过编写 Python 代码来制作这种效果呢？

 要制作三分屏效果，需要使用 MoviePy 模块的 clips_array() 函数堆叠视频画面。下面来看看具体的代码吧。

◎ 实现代码

```
1    from moviepy.editor import VideoFileClip, clips_ar
     ray   # 从MoviePy模块的子模块editor中导入VideoFileClip类和
     clips_array()函数
2    video_clip = VideoFileClip('拥抱春天.mp4')  # 读取视频
3    new_video = clips_array([[video_clip], [video_clip],
     [video_clip]])  # 纵向堆叠视频画面
4    new_video.write_videofile('竖版三分屏.mp4')  # 导出视频
```

◎ 代码解析

第 2 行代码用于读取要制作竖版三分屏效果的视频"拥抱春天.mp4"。

第 3 行代码用于堆叠视频画面，这里是将同一个视频纵向重复堆叠 3 次。

第 4 行代码用于导出竖版三分屏效果的视频。

上述代码中的文件路径均为相对路径，读者可根据需求修改为绝对路径。

◎ 知识延伸

（1）第 3 行代码中的 clips_array() 函数用于堆叠视频画面，其常用语法格式如下：

clips_array(array, rows_widths=None, cols_widths=None)

各参数的说明见表 9-1。

表 9-1　clips_array() 函数的参数说明

参数	说明
array	为一个存放视频的二维嵌套列表，即一个大列表包含一个或多个小列表。小列表的数量代表子画面的行数。小列表中的元素则是一个或多个视频文件，代表要在一行中显示的子画面。小列表的元素个数代表子画面的列数，各个小列表的元素个数应一致
rows_widths、cols_widths	分别用于指定各行的高度（单位：像素）和各列的宽度（单位：像素），以列表的形式给出。如果省略或设置为 None，则函数会自动进行设置

需要注意的是，clips_array() 函数会按照参数 rows_widths 和 cols_widths 的值对原视频的画面进行裁剪，而不是对原视频的画面进行缩放。

（2）如果要对同一个视频文件进行重复堆叠，可以利用"*"运算符快速复制列表元素。例如，第 3 行代码可以简化成如下代码：

```
1   new_video = clips_array([[video_clip]] * 3)
```

同理，如果要将同一个视频文件重复堆叠成 3 行 4 列的分屏画面，可以使用如下代码：

```
1   new_video = clips_array([[video_clip] * 4] * 3)
```

◎ 运行结果

　　下左图所示为原视频文件的画面效果。运行本案例的代码后，播放生成的视频文件"竖版三分屏.mp4"，画面效果如下右图所示。

举一反三　制作横版三分屏效果的视频

◎　代码文件：制作横版三分屏效果的视频.ipynb
◎　素材文件：拥抱春天.mp4

　　使用 clips_array() 函数也可以制作横版三分屏效果的视频，代码如下：

```
1    from moviepy.editor import VideoFileClip, clips_ar-
     ray   # 从MoviePy模块的子模块editor中导入VideoFileClip类和
     clips_array()函数
2    video_clip = VideoFileClip('拥抱春天.mp4')  # 读取视频
3    new_video = clips_array([[video_clip, video_clip, vid-
     eo_clip]])  # 横向堆叠视频画面
4    new_video.write_videofile('横版三分屏.mp4')  # 导出视频
```

　　第 3 行代码中传给 clips_array() 函数的大列表中只有一个小列表，小列表含有 3 个元素，表示堆叠成 1 行 3 列的分屏画面。这行代码可以利用"*"运算符简化成如下代码：

```
1    new_video = clips_array([[video_clip] * 3])
```

下左图所示为原视频文件的画面效果。运行上述代码后，播放生成的视频文件"横版三分屏.mp4"，画面效果如下右图所示。

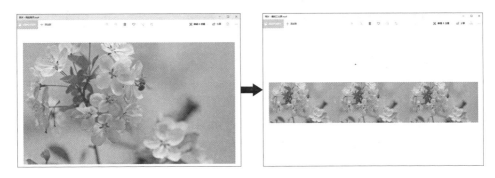

案例 03　制作左右镜像画面的视频

◎　代码文件：制作左右镜像画面的视频.ipynb
◎　素材文件：一个人的背影.mp4

◎ 应用场景

　牛老师，我看到一些视频作品采用了沿中轴线左右对称分布的效果，让本来平淡无奇的画面变得妙趣横生。那么是否可以通过编写 Python 代码实现这种效果呢？

　你说的这种效果也称为左右镜像效果。我们可以结合使用 MoviePy 模块的 mirror_x() 函数和 clips_array() 函数来实现这种效果。

◎ 实现代码

```
1  from moviepy.editor import VideoFileClip, clips_ar-
   ray   # 从MoviePy模块的子模块editor中导入VideoFileClip类和
   clips_array()函数
2  from moviepy.video.fx.all import mirror_x   # 从MoviePy
   模块的子模块video.fx.all中导入mirror_x()函数
3  clip1 = VideoFileClip('一个人的背影.mp4')   # 读取视频
4  clip2 = mirror_x(clip1)   # 左右翻转视频画面
```

```
5    new_video = clips_array([[clip1, clip2]])    # 横向堆叠视
     频画面
6    new_video.write_videofile('左右镜像.mp4')    # 导出视频
```

◎ 代码解析

第 3 行代码用于读取要制作为左右镜像画面的视频"一个人的背影.mp4"。

第 4 行代码用于将视频"一个人的背影.mp4"的画面做左右翻转。

第 5 行代码用于横向堆叠原视频和左右翻转后的视频。

第 6 行代码用于导出制作好的视频。

上述代码中的文件路径均为相对路径，读者可根据需求修改为绝对路径。

◎ 知识延伸

第 4 行代码中的 mirror_x() 函数在本章的案例 01 中介绍过，第 5 行代码中的 clips_array() 函数在本章的案例 02 中介绍过，这里不再赘述。

◎ 运行结果

下左图所示为原视频文件的画面效果。运行本案例的代码后，播放生成的视频文件"左右镜像.mp4"，画面效果如下右图所示。

 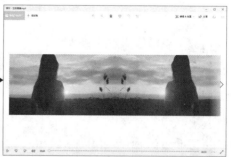

举一反三　制作上下镜像画面的视频

◎　代码文件：制作上下镜像画面的视频.ipynb
◎　素材文件：一个人的背影.mp4

结合使用 MoviePy 模块的 mirror_y() 函数和 clips_array() 函数可以制作上下镜像画面的视频，代码如下：

```
1   from moviepy.editor import VideoFileClip, clips_ar-
    ray   # 从MoviePy模块的子模块editor中导入VideoFileClip类和
    clips_array()函数
2   from moviepy.video.fx.all import mirror_y   # 从MoviePy
    模块的子模块video.fx.all中导入mirror_y()函数
3   clip1 = VideoFileClip('一个人的背影.mp4')   # 读取视频
4   clip2 = mirror_y(clip1)   # 上下翻转视频画面
5   new_video = clips_array([[clip1], [clip2]])   # 纵向堆叠
    视频画面
6   new_video.write_videofile('上下镜像.mp4')   # 导出视频
```

第 4 行代码中的 mirror_y() 函数在本章案例 01 的"举一反三"中介绍过，这里不再赘述。

下左图所示为原视频文件的画面效果。运行上述代码后，播放生成的视频文件"上下镜像.mp4"，画面效果如下右图所示。

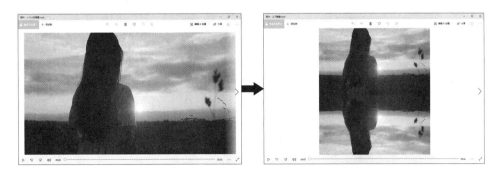

案例 04　制作多画面效果的视频

◎　代码文件：制作多画面效果的视频.ipynb
◎　素材文件：萱草花.mp4、锦带花.mp4、凌霄花.mp4、木槿.mp4

◎ 应用场景

前面的案例在制作三分屏效果时，使用的是同一个视频文件。如果要使用不同的视频文件制作分屏效果（见下图），又该怎么办呢？

阳光温热 岁月静好

这种视频效果的制作原理和前面的案例其实是一样的，使用 clips_array() 函数将多个视频文件堆叠起来即可。

◎ 实现代码

```
1  from moviepy.editor import VideoFileClip, clips_ar-
   ray  # 从MoviePy模块的子模块editor中导入VideoFileClip类和
   clips_array()函数
2  video_clip1 = VideoFileClip('素材/萱草花.mp4')  # 读取第
   1个视频
3  video_clip2 = VideoFileClip('素材/锦带花.mp4')  # 读取第
   2个视频
4  video_clip3 = VideoFileClip('素材/凌霄花.mp4')  # 读取第
   3个视频
5  video_clip4 = VideoFileClip('素材/木槿.mp4')  # 读取第4个
   视频
6  new_video = clips_array([[video_clip1, video_clip2], [vid-
   eo_clip3, video_clip4]])  # 按两行两列的方式堆叠视频画面
7  new_video.write_videofile('多画面.mp4', audio=False)  # 导
   出视频，并且不导出音频
```

◎ 代码解析

第 2～5 行代码用于读取要在一个画面中同时播放的 4 个视频文件"萱草花.mp4""锦带花.mp4""凌霄花.mp4""木槿.mp4"。

第 6 行代码用于将读取到的 4 个视频按照两行两列的方式堆叠在一起。大列表中有两个小列表，代表画面中要显示上下两行子画面。每个小列表包含两个视频，分别代表上面一行显示的子画面（第 1 个视频和第 2 个视频）和下面一行显示的子画面（第 3 个视频和第 4 个视频）。读者可根据实际需求修改视频的排列方式。

上述代码中的文件路径均为相对路径，读者可根据需求修改为绝对路径。

◎ 知识延伸

第 6 行代码中的 clips_array() 函数在本章的案例 02 中介绍过，这里不再赘述。

◎ 运行结果

下图所示为原先 4 个视频的画面效果。

运行本案例的代码后，播放生成
的视频文件"多画面.mp4"，画面效
果如右图所示。

案例 05   制作画中画效果的视频

◎   代码文件：制作画中画效果的视频.ipynb
◎   素材文件：一叶知秋1.mp4、一叶知秋2.mp4

◎ 应用场景

牛老师，我想在一个以正常尺寸播放的画面中同时播放另一个尺寸较小的
画面（见下图），是不是也可以用 clips_array() 函数来实现呢？

你说的这种效果称为画中画，用 clips_array() 函数不能实现，而要使用前
面学过的 CompositeVideoClip 类。

◎ 实现代码

```
1   from moviepy.editor import VideoFileClip, CompositeVideo-
    Clip   # 从MoviePy模块的子模块editor中导入VideoFileClip类和
    CompositeVideoClip类
2   clip1 = VideoFileClip('一叶知秋1.mp4')   # 读取主画面视频
3   clip2 = VideoFileClip('一叶知秋2.mp4').resize(newsize=
```

```
      0.35)  # 读取子画面视频，并缩小画面尺寸
  4   new_video = CompositeVideoClip([clip1, clip2])  # 叠加两
      个视频的画面
  5   new_video.write_videofile('画中画.mp4', audio=False)  # 导
      出视频，并且不导出音频
```

◎ 代码解析

第 2 行代码用于读取作为主画面的视频"一叶知秋1.mp4"。

第 3 行代码用于读取作为子画面的视频"一叶知秋2.mp4"，并将其画面尺寸缩小至原来的 35%。读者可根据实际需求修改缩小的比率。

第 4 行代码用于叠加两个视频。因为主画面要位于子画面的下方，所以列表中主画面在前，子画面在后。此外，由于未设置子画面的位置，主画面和子画面会默认靠左上角对齐。

上述代码中的文件路径均为相对路径，读者可根据需求修改为绝对路径。

◎ 知识延伸

（1）第 3 行代码中的 resize() 函数在第 6 章的案例 03 中介绍过，第 4 行代码中的 CompositeVideoClip 类在第 8 章的案例 04 中介绍过，这里不再赘述。

（2）在第 4 行代码中，可使用第 8 章的案例 04 中介绍的 set_position() 函数设置子画面的位置。例如，让子画面在主画面中居中显示的代码如下：

```
  1   new_video = CompositeVideoClip([clip1, clip2.set_posi-
      tion('center')])
```

◎ 运行结果

运行本案例的代码后，播放生成的视频文件"画中画.mp4"，画面效果如右图所示，其中子画面显示在主画面的左上角。

案例 06　　为视频设置叠化转场效果

◎ 代码文件：为视频设置叠化转场效果.ipynb
◎ 素材文件：小镇风光01.mp4、小镇风光02.mp4、小镇风光03.mp4

◎ 应用场景

 牛老师，我用前面介绍的方法把几个视频片段拼接在一起，播放时发现片段之间的过渡显得比较生硬。这个问题应该如何解决呢？

 要让片段之间的过渡显得自然，可以在片段之间添加转场效果。转场效果有多种，其中用得较多的是叠化转场。叠化转场又称为交叉渐变，它是在两个片段之间有短暂的重合，后一个片段开头的画面覆盖在前一个片段结尾的画面上，新画面的不透明度逐渐增大，直到转场完成。使用 MoviePy 模块的 crossfadein() 函数可以制作叠化转场效果。

◎ 实现代码

```
1  from moviepy.editor import VideoFileClip, CompositeVideo-
   Clip  # 从MoviePy模块的子模块editor中导入VideoFileClip类和
   CompositeVideoClip类
2  video_clip1 = VideoFileClip('素材/小镇风光01.mp4')  # 读
   取第1个视频
3  video_clip2 = VideoFileClip('素材/小镇风光02.mp4')  # 读
   取第2个视频
4  video_clip3 = VideoFileClip('素材/小镇风光03.mp4')  # 读
   取第3个视频
5  new_video = CompositeVideoClip([video_clip1, video_clip2.
   set_start(8).crossfadein(2), video_clip3.set_start(13).
   crossfadein(2)])  # 叠加3个视频并添加叠化转场效果
6  new_video.write_videofile('叠化转场.mp4')  # 导出视频
```

◎ 代码解析

第2~4行代码用于读取要合成的3个视频文件"小镇风光 01.mp4""小

镇风光 02.mp4""小镇风光 03.mp4"。

第 5 行代码用于叠加读取的 3 个视频，并在视频之间添加叠化转场效果。第 1 个视频和第 2 个视频之间的转场从第 8 秒开始，时长为 2 秒；第 2 个视频和第 3 个视频之间的转场从第 13 秒开始，时长也为 2 秒。读者可根据实际需求修改转场的开始时间和时长。

第 6 行代码用于导出合成的视频。

上述代码中的文件路径均为相对路径，读者可根据需求修改为绝对路径。

◎ 知识延伸

（1）第 5 行代码中的 set_start() 函数在第 8 章的案例 05 中介绍过，这里不再赘述。

（2）第 5 行代码中的 crossfadein() 函数用于在两个视频之间添加叠化转场效果，其常用语法格式如下：

crossfadein(duration)

crossfadein() 函数只有一个参数 duration，用于指定叠化转场效果的时长（单位：秒）。

◎ 运行结果

运行本案例的代码后，播放生成的视频文件"叠化转场.mp4"，可看到如下列四图所示的叠化转场效果。

案例 07　制作手绘风格的视频

◎　代码文件：制作手绘风格的视频.ipynb
◎　素材文件：拥抱春天.mp4

◎ 应用场景

牛老师，我经常在短视频平台上看到手绘风格的作品，画面别有一番韵味。能否通过编写 Python 代码来制作手绘风格的视频呢？

当然是可以的。在 Python 中，我们可以使用 MoviePy 模块中的 painting() 函数制作出手绘风格的视频。

◎ 实现代码

```
1  from moviepy.editor import VideoFileClip   # 从MoviePy模
   块的子模块editor中导入VideoFileClip类
2  from moviepy.video.fx.all import painting   # 从MoviePy
   模块的子模块video.fx.all中导入painting()函数
3  video_clip = VideoFileClip('拥抱春天.mp4')   # 读取视频
4  new_video = painting(video_clip, saturation=1.5, black=
   0.005)   # 将画面效果转换为手绘风格
5  new_video.write_videofile('手绘风格.mp4')   # 导出视频
```

◎ 代码解析

第 2 行代码用于导入 painting() 函数。

第 3 行代码用于读取要制作为手绘风格的视频"拥抱春天.mp4"。

第 4 行代码用于将视频的画面转换为手绘效果。

第 5 行代码用于导出制作好的视频。

上述代码中的文件路径均为相对路径，读者可根据需求修改为绝对路径。

◎ 知识延伸

第 4 行代码中的 painting() 函数用于将视频帧的图像转换成像用画笔绘制出来的效果。该函数的常用语法格式如下：

painting(clip, saturation=1.4, black=0.006)

各参数的说明见表 9-2。

表 9-2 painting() 函数的参数说明

参数	说明
clip	指定要转换为手绘效果的视频文件
saturation	指定手绘的颜色饱和度
black	指定手绘的黑色线条的数量

◎ 运行结果

下左图所示为原视频的画面效果。运行本案例的代码后，播放生成的视频文件"手绘风格.mp4"，画面效果如下右图所示。

案例 08　制作时光倒流画面的视频

◎　代码文件：制作时光倒流画面的视频.ipynb
◎　素材文件：奔向大海.mp4

◎ 应用场景

牛老师，我拍摄了一段视频，想要将视频倒放来模拟时光倒流的效果，用 Python 可以实现吗？

当然是可以的。使用 MoviePy 模块中的 time_mirror() 函数就能快速实现视频倒放效果。

◎ 实现代码

```
1   from moviepy.editor import VideoFileClip   # 从MoviePy模
    块的子模块editor中导入VideoFileClip类
2   from moviepy.video.fx.all import time_mirror   # 从Movie-
    Py模块的子模块video.fx.all中导入time_mirror()函数
3   clip = VideoFileClip('奔向大海.mp4').subclip(2, 5)   # 读
    取要制作倒放效果的视频并截取第2～5秒的片段
4   new_video = time_mirror(clip)   # 将片段设置为倒放效果
5   new_video.write_videofile('倒放.mp4', audio=False)   # 导
    出视频，并且不导出音频
```

◎ 代码解析

第 2 行代码用于导入 time_mirror() 函数。

第 3 行代码用于读取要制作倒放效果的视频 "奔向大海.mp4"，并截取该视频第 2～5 秒的片段。读者可根据实际需求修改截取的时间点。

第 4 行代码用于将截取的片段设置为倒放效果。

time_mirror() 函数在将画面设置为倒放效果时，也会将音频设置成倒放效果。倒放的音频听起来会很奇怪，所以第 5 行代码只导出视频，不导出音频。

上述代码中的文件路径均为相对路径，读者可根据需求修改为绝对路径。

◎ 知识延伸

（1）第 3 行代码中的 subclip() 函数在第 6 章的案例 05 中介绍过，这里不再赘述。

（2）第 4 行代码中的 time_mirror() 函数用于制作倒放效果的视频。该函数只有一个参数 clip，用于指定要倒放的视频文件。

◎ 运行结果

运行本案例的代码后，播放生成的视频文件 "倒放.mp4"，即可看到视频画面的倒放效果。

举一反三　制作先正放再倒放的视频

◎　代码文件：制作先正放再倒放的视频.ipynb
◎　素材文件：奔向大海.mp4

要制作先正放再倒放的视频，可以先用 time_mirror() 函数将原视频设置成倒放效果，再将原视频和倒放的视频拼接在一起。此外，使用 MoviePy 模块专门为制作这种效果而定义的 time_symmetrize() 函数会更加快捷，代码如下：

```
1   from moviepy.editor import VideoFileClip   # 从MoviePy模块的子模块editor中导入VideoFileClip类
2   from moviepy.video.fx.all import time_symmetrize   # 从MoviePy模块的子模块video.fx.all中导入time_symmetrize()函数
3   clip = VideoFileClip('奔向大海.mp4').subclip(2, 5)   # 读取视频并截取第2～5秒的片段
4   new_video = time_symmetrize(clip)   # 将片段设置为先正放再倒放的效果
5   new_video.write_videofile('正放接倒放.mp4', audio=False)   # 导出视频，并且不导出音频
```

运行上述代码后，播放生成的视频文件"正放接倒放.mp4"，会先看到正序播放的视频片段，再看到倒序播放的视频片段。

第 **10** 章

为视频添加字幕和水印

在视频中合理地应用字幕可以增加画面的信息量，帮助受众理解视频内容。此外，为了避免作品被盗用，还可以为视频添加水印。本章就来讲解使用 MoviePy 模块为视频添加字幕和水印的多种方法。

案例 01　安装 ImageMagick 软件

◎ 应用场景

　牛老师，我在使用 MoviePy 模块给视频添加字幕或文字水印时，程序总是报错。这是为什么呢？

　这是因为你的计算机中没有安装 ImageMagick。ImageMagick 是一款免费且开源的图片编辑软件，MoviePy 模块中与字幕或文字水印相关的功能大多数是通过调用该软件来实现的。下面就来介绍 ImageMagick 的下载、安装和配置方法。

◎ 下载 ImageMagick

　　在浏览器中打开网址 https://www.imagemagick.org/script/download.php，进入 ImageMagick 的官网下载页面。在该页面中根据操作系统下载对应的安装包，这里选择适用于 Windows 的安装包，如下图所示。

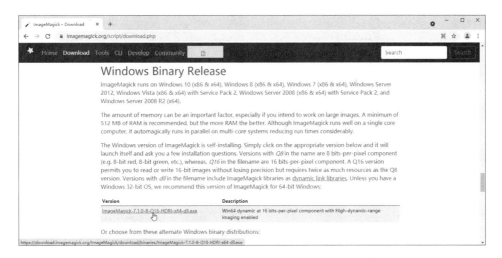

◎ 安装 ImageMagick

步骤01　下载完毕后，双击安装包文件，❶在打开的安装界面中单击"I accept the agreement"单选按钮，❷然后单击"Next"按钮，如下页左图所示。

步骤02　在新的安装界面中直接单击"Next"按钮，如下页右图所示。

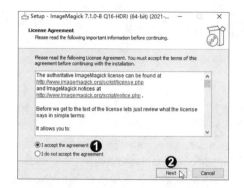

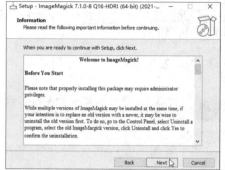

步骤03 进入设置安装路径的界面，建议使用默认设置，直接单击"Next"按钮，如下左图所示。如果想要改变安装路径，可单击"Browse"按钮，在打开的对话框中选择安装路径。设置的安装路径要记住，在后面的操作中会用到。

步骤04 在新的界面中直接单击"Next"按钮，如下右图所示。

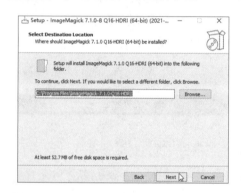

步骤05 继续在新的界面中单击"Next"按钮，如下左图所示。

步骤06 然后单击"Install"按钮，如下右图所示。

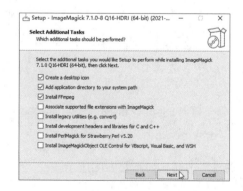

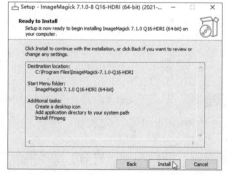

步骤 07　随后可以看到 ImageMagick 的安装进度。待安装完成后，直接单击"Next"按钮，如下左图所示。

步骤 08　❶取消勾选"View index.html"复选框，❷单击"Finish"按钮，如下右图所示。这样就完成了 ImageMagick 的安装。接下来还需要修改 MoviePy 模块的配置文件，让 MoviePy 模块能够找到 ImageMagick 软件的位置。

◎ 配置 ImageMagick

步骤 01　根据"安装 ImageMagick"的步骤 03 设置的安装路径，找到 Image-Magick 的可执行程序"magick.exe"的存储位置，如下图所示。

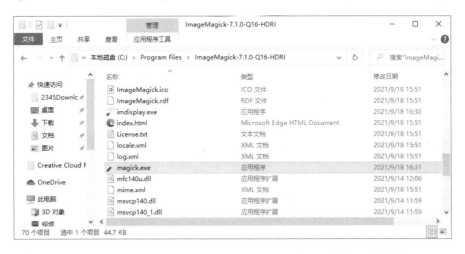

步骤 02　进入 MoviePy 模块的安装路径，找到配置环境变量的文件"config_defaults.py"，如下页图所示。如果不知道 MoviePy 模块的安装路径，可在命令行窗口中执行命令"pip show moviepy"，返回的结果中"Location"后的内

容就是 MoviePy 模块的安装路径。

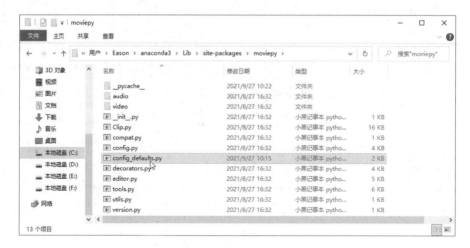

步骤 03 用文本编辑器（如"记事本"）打开配置文件"config_defaults.py"，注释掉最后一行代码，然后在下一行中输入如下图所示的代码。该行代码引号内的内容为可执行程序"magick.exe"的文件路径。更改代码后保存并关闭文件，就可以开始使用 MoviePy 模块为视频添加字幕或文字水印了。

案例 02　为视频添加标题字幕

◎　代码文件：为视频添加标题字幕.ipynb
◎　素材文件：夜景航拍.mp4

◎ 应用场景

牛老师，我只知道字幕是出现在视频作品中的文字内容，这个案例中的标题字幕又是什么概念呢？

大牛　字幕实际上细分为标题字幕、对白字幕、说明性字幕等多种类别。标题字幕通常出现在片头或片尾,用于说明作品的主题(见下图)或介绍创作人员,也可出现在片中,用于注解画面内容或交代背景信息。在短视频作品中合理运用标题字幕,还能让画面更有美感,更容易吸引观众的注意力,从而提高作品的播放量。下面就来学习如何利用 MoviePy 模块为视频添加简洁明了的标题字幕吧。

◎ 实现代码

```
1   from moviepy.editor import VideoFileClip, TextClip, Com-
    positeVideoClip  # 从MoviePy模块的子模块editor中导入Video-
    FileClip类、TextClip类和CompositeVideoClip类
2   video_clip = VideoFileClip('夜景航拍.mp4')  # 读取视频
3   text = TextClip(txt='商洛·望江楼', font='FZBangSXJW.ttf',
    fontsize=120, color='rgb(255, 255, 0)', kerning=10)  #
    创建标题字幕并设置字体格式
4   text = text.set_position('center')  # 设置标题字幕的位置
5   text = text.set_duration(3)  # 设置标题字幕的时长
6   new_video = CompositeVideoClip([video_clip, text])  # 将
    标题字幕合成到视频中
7   new_video.write_videofile('夜景航拍1.mp4')  # 导出视频
```

◎ 代码解析

第 2 行代码用于读取要添加标题字幕的视频 "夜景航拍.mp4"。

第 3 行代码用于创建标题字幕并设置其字体格式。这里创建的标题字幕的文本内容为"商洛·望江楼"，字体为"方正榜书行"（参数 font 的值是字体文件的路径，此处为相对路径），字体大小为 120 磅，字体颜色为黄色，字间距在默认值基础上增加 10 像素。读者可根据实际需求修改文本内容和字体格式。

第 4 行代码用于设置标题字幕在视频画面中的位置。这里的 'center' 表示让标题字幕显示在画面中心，读者可根据实际需求修改位置。

第 5 行代码用于设置标题字幕在视频中显示的时长。这里的 3 表示显示 3 秒，读者可根据实际需求修改时长。

第 6 行代码用于将标题字幕合成到视频中。

第 7 行代码用于导出添加了标题字幕的视频。

上述代码中的文件路径均为相对路径，读者可根据需求修改为绝对路径。

◎ 知识延伸

（1）第 3 行代码中的 TextClip 类用于生成文本内容的视频对象，其常用语法格式如下：

TextClip(txt=None, filename=None, font='Courier', fontsize=None, color='black', bg_color='transparent', stroke_color=None, stroke_width=1, kerning=None)

各参数的说明见表 10-1。

表 10-1　TextClip 类的参数说明

参数	说明
txt	指定一个字符串作为字幕的文本内容。可与参数 filename 互换，如果二者同时存在，优先选择参数 txt
filename	指定一个文本文件的路径，读取该文件的内容作为字幕的文本内容
font	指定文本的字体，常用的取值格式是字体文件的路径
fontsize	指定文本的字体大小（单位：磅）
color	指定文本的颜色，常用的取值格式有 3 种：①表示特定颜色名称的字符串，如 'black'、'red'、'yellow'，详见 https://imagemagick.org/script/color.php；②表示 RGB 颜色的字符串，如 'rgb(178, 58, 238)'；③表示十六进制颜色的字符串，如 '#B23AEE'
bg_color	指定生成的视频的背景颜色，取值格式同参数 color

（续）

参数	说明
stroke_color	指定文本的描边颜色，取值格式同参数 color。如果省略或设置为 None，表示不描边
stroke_width	指定文本的描边宽度（单位：像素），默认值为 1。可设置为浮点型数字，数值越大，描边就越粗
kerning	指定字间距的调整量。为正数时，字间距增大；为负数时，字间距减小

（2）第 5 行代码中的 set_duration() 函数用于调整视频的时长，其常用语法格式如下：

set_duration(t, change_end=True)

各参数的说明见表 10-2。

表 10-2　set_duration() 函数的参数说明

参数	说明
t	指定视频的时长，有 4 种表示方式：①秒，为一个浮点型数字，如 15.35；②分钟和秒组成的元组，如 (3, 5.35)；③时、分、秒组成的元组，如 (1, 3, 5.35)；④用冒号分隔的时间字符串，如 '01:03:05.35'
change_end	如果设置为 False，则根据视频的时长和预设的结束时间修改视频的开始时间

◎ 运行结果

下左图所示为原视频的播放效果。运行本案例的代码后，播放生成的视频文件"夜景航拍1.mp4"，可看到标题字幕的效果，如下右图所示。

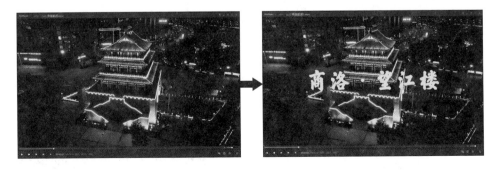

举一反三　为视频添加描边效果的标题字幕

◎　代码文件：为视频添加描边效果的标题字幕.ipynb
◎　素材文件：夜景航拍.mp4

通过设置 TextClip 类的 stroke_color 和 stroke_width 这两个参数，可以为标题字幕添加描边效果，代码如下：

```
1  from moviepy.editor import VideoFileClip, TextClip, Com-
   positeVideoClip  # 从MoviePy模块的子模块editor中导入Video-
   FileClip类、TextClip类和CompositeVideoClip类
2  video_clip = VideoFileClip('夜景航拍.mp4')  # 读取视频
3  text = TextClip(txt='商洛·望江楼', font='FZBangSXJW.ttf',
   fontsize=120, color='rgb(255, 255, 0)', stroke_color=
   'rgb(255, 0, 0)', stroke_width=3, kerning=10)  # 创建标题
   字幕并设置字体格式
4  text = text.set_position('center')  # 设置标题字幕的位置
5  text = text.set_duration(3)  # 设置标题字幕的时长
6  new_video = CompositeVideoClip([video_clip, text])  # 将
   标题字幕合成到视频中
7  new_video.write_videofile('夜景航拍2.mp4')  # 导出视频
```

在第 3 行代码中，stroke_color='rgb(255, 0, 0)' 表示将文本的描边颜色设置为红色，stroke_width=3 表示将文本的描边宽度设置为 3 像素。读者可根据实际需求修改描边的颜色和宽度。

运行上述代码后，播放生成的视频文件"夜景航拍2.mp4"，即可看到添加了描边效果的标题字幕，如右图所示。

案例 03　制作滚动字幕

◎　代码文件：制作滚动字幕.ipynb
◎　素材文件：字幕信息.txt

◎ 应用场景

牛老师，很多电影和电视剧的片尾都会用由下向上滚动的字幕来展示制作单位和演职人员信息。我想知道如何用 Python 制作这种滚动字幕效果呢？

可以先用 MoviePy 模块中的 credits1() 函数加载文本文件的内容生成字幕，再用 scroll() 函数让字幕由下向上滚动。文本文件的内容需要按一定的格式书写，相关的知识后面会讲解，先来学习编写代码吧。

◎ 实现代码

```
1    from moviepy.video.tools.credits import credits1  # 从
     MoviePy模块的子模块video.tools.credits中导入credits1()函数
2    from moviepy.video.fx.all import scroll  # 从MoviePy模块
     的子模块video.fx.all中导入scroll()函数
3    end_clip = credits1('字幕信息.txt', width=480, color=
     'white', font='FZZZHUNHJW.ttf', fontsize=60, gap=60)  #
     读取文本文件的内容并生成字幕
4    end_clip = end_clip.set_duration(25)  # 设置字幕的时长
5    end_clip = scroll(end_clip, h=720, w=480, x_speed=0, y_
     speed=80)  # 将字幕制作成垂直滚动效果的视频
6    end_clip.write_videofile('滚动字幕.mp4', fps=30)  # 导出
     视频
```

◎ 代码解析

　　第 3 行代码用于读取文本文件"字幕信息.txt"的内容并生成字幕。字幕的宽度为 480 像素，文本颜色为白色，字体为"方正正准黑"（参数 font 的值是字体文件的路径，此处为相对路径），字体大小的上限为 60 磅，双栏排版信息（如角色姓名和演员姓名）的栏间距为 60 像素。文本文件"字幕信息.txt"的

内容需按下图所示的固定格式书写。其中，以 "**..**" 开头的行将排在左栏，其下方的行则排在右栏；"**.blank ×**" 用于插入空行，数字代表空行的数量。

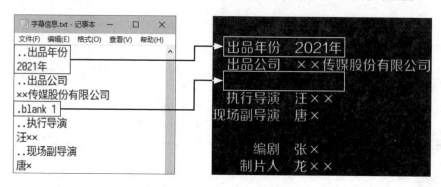

第 4 行代码用于设置字幕的时长。这里设置为 25 秒，读者可根据实际需求修改时长。

前面生成的字幕是静止的，第 5 行代码用于将静止的字幕转换为垂直滚动的视频。字幕滚动区域的高度为 720 像素（建议设置为要与滚动字幕合成在一起的视频的帧高度），宽度为 480 像素（建议设置为前面生成的静止字幕的宽度，即 credits1() 函数的参数 width 的值）。此外，水平滚动的速度为 0 像素 / 秒，垂直滚动的速度为 80 像素 / 秒，也就是只在垂直方向滚动，水平方向不滚动。

第 6 行代码用于导出滚动字幕的视频。

上述代码中的文件路径均为相对路径，读者可根据需求修改为绝对路径。

◎ 知识延伸

（1）第 3 行代码中的 credits1() 函数用于将文本文件转换为字幕剪辑，其常用语法格式如下：

credits1(creditfile, width, color='white', stroke_color='black',
stroke_width=2, font='Impact-Normal', fontsize=60, gap=0)

各参数的说明见表 10-3。

表 10-3　credits1() 函数的参数说明

参数	说明
creditfile	指定包含字幕内容的文本文件的路径
width	指定字幕的宽度（单位：像素）
color	指定字幕文本的颜色

（续）

参数	说明
stroke_color	指定字幕文本的描边颜色
stroke_width	指定字幕文本的描边宽度（单位：像素）
font	指定字幕文本的字体，常用的取值格式是字体文件的路径
fontsize	指定字幕文本字体大小的最大值。如果按照此参数的值生成的字幕中某一行文本的宽度会超出字幕的宽度（参数 width 的值），则整个字幕的文本字体会被缩小，以适应字幕的宽度，字幕效果可能会变模糊
gap	指定双栏排版信息（如角色姓名和演员姓名）的栏间距（单位：像素）

技巧 利用"记事本"转换文本文件的编码格式

用"记事本"编辑的文本文件默认是 UTF-8 编码格式，但 credits1() 函数只能读取 ANSI 编码格式的文本文件。可在"记事本"中执行"文件 > 另存为"菜单命令，打开"另存为"对话框，在"编码"下拉列表框中选择"ANSI"选项，如右图所示，将文本文件另存为 ANSI 编码格式。

（2）第 5 行代码中的 scroll() 函数用于在屏幕上水平或垂直滚动播放视频的内容，其常用语法格式如下：

scroll(clip, w=None, h=None, x_speed=0, y_speed=0)

各参数的说明见表 10-4。

表 10-4 scroll() 函数的参数说明

参数	说明
clip	指定要转换为滚动播放效果的视频剪辑
w、h	指定滚动区域的宽度和高度（单位：像素），即生成的滚动播放视频的画面尺寸。使用 scroll() 函数制作滚动字幕时，滚动区域的宽度需与 credits1() 函数中参数 width 的值一致，否则字幕内容会显示不完整。此外，如果滚动区域的高度能一次性显示所有字幕内容，则字幕不会呈现滚动效果
x_speed、y_speed	指定滚动的水平速度和垂直速度（单位：像素/秒）。参数值越大，滚动的速度越快

◎ 运行结果

　　运行本案例的代码后，播放生成的视频文件"滚动字幕.mp4"，可看到由下向上滚动的字幕效果，如下左图和下右图所示。

案例 04　制作图文并排的视频

◎　代码文件：制作图文并排的视频.ipynb
◎　素材文件：故宫.mp4、滚动字幕.mp4

◎ 应用场景

　片尾只有滚动字幕未免太单调，很多观众都会选择跳过不看，滚动字幕也就失去了存在的意义。牛老师，有没有什么好办法能解决这个问题呢？

　要避免片尾让人感觉枯燥乏味，可以将拍摄花絮、新作预告等更有吸引力的图像画面和滚动字幕并排播放（见下图）。这种效果制作起来也很简单：准备好图像内容的视频和滚动字幕的视频，适当调整它们的画面尺寸和时长以相互匹配，最后把它们分别摆放在画面的两侧，进行合成就可以了。

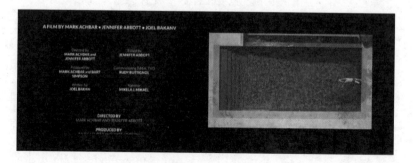

◎ 实现代码

```
1   from moviepy.editor import VideoFileClip, CompositeVideo-
    Clip  # 从MoviePy模块的子模块editor中导入VideoFileClip类和
    CompositeVideoClip类
2   clip1 = VideoFileClip('故宫.mp4')  # 读取第1个视频
3   clip2 = VideoFileClip('滚动字幕.mp4')  # 读取第2个视频
4   clip1 = clip1.subclip(5, clip2.duration + 5)  # 截取第1
    个视频的片段
5   clip1 = clip1.resize(0.6)  # 缩小第1个视频的画面尺寸
6   clip2 = clip2.resize(0.6)  # 缩小第2个视频的画面尺寸
7   new_video = CompositeVideoClip([clip1.set_posi-
    tion(('left', 'center')), clip2.set_position(('right',
    'center'))], size=(1280, 720))  # 合成两个视频
8   new_video.write_videofile('故宫1.mp4')  # 导出视频
```

◎ 代码解析

第 2 行和第 3 行代码分别用于读取第 1 个视频和第 2 个视频。

第 4 行代码用于截取第 1 个视频的片段。这里从第 5 秒开始截取，截取的时长为第 2 个视频的时长。

第 5 行和第 6 行代码分别用于缩小第 1 个视频和第 2 个视频的画面尺寸。因为原先两个视频的帧高度相同，所以这里按比例调整画面尺寸，缩小至原来的 60%。如果原先两个视频的帧高度不同，也可以将帧高度调整为相同的值。

第 7 行代码用于将两个视频合成为图文并排的效果。这里将第 1 个视频放置在合成视频的画面左侧，垂直居中，将第 2 个视频放置在合成视频的画面右侧，垂直居中。合成视频的帧高度为 1280 像素，帧宽度为 720 像素。读者可根据实际需求修改两个视频的位置和合成视频的画面尺寸。

第 8 行代码用于导出制作好的视频。

上述代码中的文件路径均为相对路径，读者可根据需求修改为绝对路径。

◎ 知识延伸

（1）第 4 行代码中的 duration 属性用于获取视频的时长（单位：秒）。

（2）第 4 行代码中的 subclip() 函数详见第 6 章的案例 05，第 5 行和第 6 行代码中的 resize() 函数详见第 6 章的案例 03，第 7 行代码中的 set_position() 函数和 CompositeVideoClip 类详见第 8 章的案例 04，这里不再赘述。

◎ 运行结果

下左图所示为原第 1 个视频"故宫.mp4"的播放效果。运行本案例的代码后，播放生成的视频文件"故宫1.mp4"，可看到图文并排的画面效果，如下右图所示。

案例 05　批量为视频添加滚动字幕

◎　代码文件：批量为视频添加滚动字幕.ipynb
◎　素材文件：滚动字幕.mp4、加片尾之前（文件夹）

◎ 应用场景

牛老师，我已经制作好一个滚动字幕，现在要在多个视频（见右图）的片尾添加这个滚动字幕。有没有什么方法能批量完成这项工作呢？

前面已经学习了在单个视频的片尾添加滚动字幕，只需要再构造一个循环，就能批量完成滚动字幕的添加。

◎ 实现代码

```
1   from pathlib import Path  # 导入pathlib模块中的Path类
2   from moviepy.editor import VideoFileClip, concatenate_
    videoclips  # 从MoviePy模块的子模块editor中导入VideoFile-
    Clip类和concatenate_videoclips()函数
3   from moviepy.video.fx.all import fadeout  # 从MoviePy模
    块的子模块video.fx.all中导入fadeout()函数
4   text_clip = VideoFileClip('滚动字幕.mp4')  # 读取滚动字幕
    的视频
5   src_folder = Path('加片尾之前')  # 指定来源文件夹的路径
6   des_folder = Path('加片尾之后')  # 指定目标文件夹的路径
7   if not des_folder.exists():  # 如果目标文件夹不存在
8       des_folder.mkdir(parents=True)  # 则创建该文件夹
9   for i in src_folder.glob('*.mp4'):  # 遍历来源文件夹中扩
    展名为 ".mp4" 的文件
10      video_clip = VideoFileClip(str(i))  # 读取要添加滚动
    字幕的视频
11      video_clip = fadeout(video_clip, duration=2)  # 为
    视频设置淡出效果
12      new_video = concatenate_videoclips([video_clip, text_
    clip], method='compose')  # 拼接视频和字幕
13      video_path = des_folder / i.name  # 构造导出视频的路径
14      new_video.write_videofile(str(video_path), audio=
    False)  # 导出添加了滚动字幕的视频，并且不导出音频
```

◎ 代码解析

第 4 行代码用于读取滚动字幕的视频文件 "滚动字幕.mp4"。

第 5 行和第 6 行代码分别用于指定来源文件夹和目标文件夹的路径。

第 7 行和第 8 行代码用于创建目标文件夹。

第 9 行代码用于遍历来源文件夹中扩展名为 ".mp4" 的文件。

第 10 行代码用于读取遍历到的视频文件。

第 11 行代码用于为视频设置淡出效果，效果的时长为两秒。

第 12 行代码用于将读取的视频和字幕视频拼接成一个新视频。

第 13 行和第 14 行代码用于将拼接好的视频导出到目标文件夹中，文件名为原视频文件名。

上述代码中的文件路径均为相对路径，读者可根据需求修改为绝对路径。

◎ 知识延伸

在第 12 行代码中，将 concatenate_videoclips() 函数的参数 method 设置为 'compose'，这表示如果各个视频的画面尺寸不同，则拼接生成的新视频的画面尺寸取各个视频画面尺寸的最大值，其中画面尺寸较小的视频在播放时将居中显示。也可以先用 resize() 函数将各个视频的画面调整成一致的尺寸，再进行拼接。

◎ 运行结果

运行本案例的代码后，打开文件夹"加片尾之后"，播放其中的任意一个视频文件，可看到在视频内容即将结束时会有一个渐隐的效果，如下左图所示。当画面渐隐至黑色时，开始播放由下向上滚动的字幕，如下右图所示。

案例 06　根据配音为视频添加旁白字幕

◎ 代码文件：根据配音为视频添加旁白字幕.ipynb
◎ 素材文件：微课.mp4、旁白字幕.srt

◎ 应用场景

牛老师，我有一段配好旁白音频的视频，想要在画面中相应添加字幕。如果用视频剪辑软件手动添加字幕，需要卡准时间点听音频打字，操作太烦琐了。有什么方法能够快速地根据配音自动为视频加字幕呢？

为视频添加旁白字幕的确要费一番功夫，但是好处多多：首先是让观众在需要静音的场合也能观看视频，提升了观看体验；其次是让一部分听障人士也能欣赏和理解视频作品，扩大了作品的传播度。MoviePy 模块可以读取 SRT 格式的字幕文件，并自动根据文件中的时间轴信息生成字幕。

那就是说我需要事先制作好一个 SRT 文件，这种文件在格式上有什么要求呢？

SRT 文件本质上是一个文本文件，其包含多条字幕的信息。每一条字幕的信息由 4 个基本部分组成（见下图）：第 1 部分是字幕的序号，一般是按顺序增加的，如果没有序号，在播放时会出错；第 2 部分是字幕开始显示和结束显示的时间，精确到毫秒；第 3 部分是字幕的内容；第 4 部分是一个空行，表示本条字幕的结束。

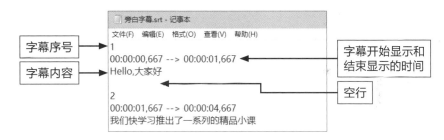

看来 SRT 文件的制作也不简单，我想"得寸进尺"地偷个懒：现在的语音识别技术已经非常成熟，有没有什么软件可以将音频自动识别和转换成 SRT 文件呢？

这样的软件是有的，使用方法也很简单，后面会详细介绍。下面先来看看如何编写代码吧。

◎ 实现代码

```
1   from moviepy.editor import VideoFileClip, TextClip,
    CompositeVideoClip   # 从MoviePy模块的子模块editor中导入
    VideoFileClip类、TextClip类和CompositeVideoClip类
```

```
2   from moviepy.video.tools.subtitles import SubtitlesClip  #
    从MoviePy模块的子模块video.tools.subtitles中导入Subtitles-
    Clip类
3   generator = lambda txt:TextClip(txt, font='FZZZHUNHJW.
    ttf', fontsize=40, color='blue')  # 定义字幕生成器
4   sub = SubtitlesClip('旁白字幕.srt', make_textclip=gener-
    ator)  # 读取字幕文件并生成字幕
5   sub = sub.set_position('bottom', 'center')  # 设置字幕的
    显示位置
6   video_clip = VideoFileClip('微课.mp4')  # 读取视频
7   new_video = CompositeVideoClip([video_clip, sub])  # 合
    并视频和字幕
8   new_video.write_videofile('微课1.mp4', fps=video_clip.
    fps)  # 导出添加了旁白字幕的视频
```

◎ 代码解析

第 3 行代码用于定义一个字幕生成器。在字幕生成器中需要调用前面介绍过的 TextClip 类来创建字幕，并设置好字幕的字体、字体大小及颜色。这里设置的字体为"方正正准黑"（参数 font 的值是字体文件的路径，此处为相对路径），字体大小为 40 磅，颜色为蓝色。

第 4 行代码用于将字幕文件"旁白字幕.srt"中的字幕文本依次传入字幕生成器，生成字幕。

第 5 行代码用于调整字幕的显示位置，这里让字幕显示在视频画面底部中间的位置。读者可根据实际需求修改字幕的显示位置。

第 6 行代码用于读取要添加字幕的视频文件"微课.mp4"。

第 7 行代码用于合并视频与生成的字幕，得到添加了字幕的新视频。

第 8 行代码用于导出添加了字幕的视频。

上述代码中的文件路径均为相对路径，读者可根据需求修改为绝对路径。

◎ 知识延伸

（1）第 4 行代码中的 SubtitlesClip 类可基于 SRT 文件创建字幕视频，其常用语法格式如下：

SubtitlesClip(subtitles, make_textclip=None)

各参数的说明见表 10-5。

表 10-5　SubtitlesClip 类的参数说明

参数	说明
subtitles	指定 SRT 文件的路径
make_textclip	指定字幕生成器

（2）要将视频中的音频自动识别和转换成 SRT 文件，可以先用视频剪辑软件"剪映"对音频进行字幕识别。启动"剪映"后，导入要识别字幕的视频并将其拖动到时间轴上，如下左图所示；然后单击上方的"文本"按钮，在左侧单击"智能字幕"按钮，在右侧单击"识别字幕"下方的"开始识别"按钮，如下右图所示，即可开始识别字幕。字幕识别的时间根据视频的长短而有所不同，视频越长，识别需要的时间就越长。

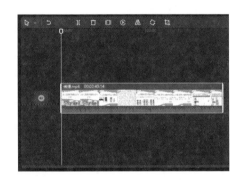

字幕识别完成后会生成对应的 JSON 文件，默认存放在"C:\Users\用户名\AppData\Local\JianyingPro\User Data\Projects\com.lveditor.draft"。接下来要利用一些工具将 JSON 文件转换成 SRT 文件，这里使用的是"剪映字幕导出工具"。启动工具后单击"解析"按钮，默认会识别到文件夹"com.lveditor.draft"，在文件夹下查看修改日期，日期最新的文件夹就包含最近生成的字幕，文件夹下的文件"draft_content.json"就是需要转换的 JSON 文件。选中该文件后单击"打开"按钮，如右图所示。

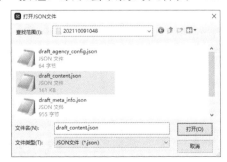

"剪映字幕导出工具"会将 JSON 文件的内容转换为 SRT 格式的字幕，如下左图所示。如果字幕文本有误，可直接在界面中修改，然后单击"导出"按钮，设置文件名和存储位置，如下右图所示，导出 SRT 文件。最后用"记事本"打开 SRT 文件，将文件另存为 ANSI 编码格式。

◎ 运行结果

运行本案例的代码后，播放生成的视频文件"微课1.mp4"，可看到根据配音添加的字幕，如下左图和下右图所示。

案例 07　为视频添加文字水印

　◎　代码文件：为视频添加文字水印.ipynb
　◎　素材文件：微课.mp4

◎ 应用场景

我在一个短视频平台上传了一个原创作品，播放量还不错。但几天后我发现有人没经过我同意就把这个作品转载到其他平台，并且没有注明作者和出处。这种行为真是太不道德了！

在数字时代，我们虽然很难完全杜绝作品被盗用，但还是可以使用一些手段增加盗用的难度，其中最常用的手段就是为作品添加水印。水印不但可以标明作品的所有权，还能起到一定的宣传作用。水印分为文字水印和图片水印两种，下面我先教你通过编写 Python 代码为视频添加文字水印吧。

◎ 实现代码

```
1  from moviepy.editor import VideoFileClip, TextClip, Com-
   positeVideoClip  # 从MoviePy模块的子模块editor中导入Video-
   FileClip类、TextClip类和CompositeVideoClip类
2  video = VideoFileClip('微课.mp4')  # 读取视频
3  text = TextClip(txt='快学习教育', fontsize=80, font=
   'FZZZHUNHJW.ttf', color='red')  # 创建文字水印并设置字体
   格式
4  text = text.set_position(('right', 'top'))  # 设置文字水
   印的显示位置
5  text = text.set_start(20).set_end(video.duration)  # 设
   置文字水印开始显示和结束显示的时间
6  text = text.set_opacity(0.5)  # 设置文字水印的不透明度
7  new_video = CompositeVideoClip([video, text])  # 在视频
   上叠加文字水印
8  new_video.write_videofile('文字水印.mp4')  # 导出叠加了文
   字水印的视频
```

◎ 代码解析

第 2 行代码用于读取要添加文字水印的视频 "微课.mp4"。

第 3 行代码用于创建文字水印并设置字体格式。这里设置文字水印的内容为 "快学习教育"，字体大小为 80 磅，字体为 "方正正准黑"（参数 font 的值是字体文件的路径，此处为相对路径），颜色为红色。读者可根据实际需求修改文字水印的内容和字体格式。

第 4 行代码用于设置文字水印的显示位置，这里设置的位置是画面右上角。读者可根据实际需求修改文字水印的位置。

第 5 行代码用于设置文字水印在视频中开始显示和结束显示的时间。这里

设置为从视频的第 20 秒开始显示文字水印，直至视频结束。若要一直显示文字水印，则将该行代码更改为 "text = text.set_duration(video.duration)"。

第 6 行代码用于设置文字水印的不透明度，这里的 0.5 表示将文字水印设置为半透明效果。读者可根据实际需求修改不透明度数值。

第 7 行代码用于在视频上叠加文字水印。

第 8 行代码用于导出叠加了文字水印的视频。

上述代码中的文件路径均为相对路径，读者可根据需求修改为绝对路径。

◎ 知识延伸

第 6 行代码中的 set_opacity() 函数用于设置不透明度。该函数只有一个参数 op，参数值通常为 0～1 之间的浮点型数字。设置的值越小，文字越透明，值为 0 表示完全透明，值为 1 则表示完全不透明。

◎ 运行结果

下左图所示为原视频"微课.mp4"的播放效果。运行本案例的代码后，播放生成的视频文件"文字水印.mp4"，从第 20 秒开始，画面右上角会显示文字水印"快学习教育"，如下右图所示。

 举一反三　批量为视频添加文字水印

　◎　代码文件：批量为视频添加文字水印.ipynb
　　　　◎　素材文件：加水印之前（文件夹）

右图所示为文件夹"加水印之前"中的多个视频文件，下面基于案例 07 的方法构造循环，为这些视频文件添加相同的文字水印。代码如下：

```
1   from pathlib import Path   # 导入pathlib模块中的Path类
2   from moviepy.editor import VideoFileClip, TextClip, Com-
    positeVideoClip   # 从MoviePy模块的子模块editor中导入Video-
    FileClip类、TextClip类和CompositeVideoClip类
3   src_folder = Path('加水印之前')   # 指定来源文件夹的路径
4   des_folder = Path('加水印之后')   # 指定目标文件夹的路径
5   if not des_folder.exists():  # 如果目标文件夹不存在
6       des_folder.mkdir(parents=True)  # 则创建该文件夹
7   text = TextClip(txt='快学习教育', fontsize=80, font=
    'FZZZHUNHJW.ttf', color='red')   # 创建文字水印并设置字体
    格式
8   text = text.set_position(('right', 'top'))  # 设置文字水
    印的显示位置
9   text = text.set_opacity(0.5)  # 设置文字水印的不透明度
10  for i in src_folder.glob('*.mp4'):   # 遍历来源文件夹下所
    有扩展名为".mp4"的文件
11      video = VideoFileClip(str(i))  # 读取遍历到的视频文件
12      text = text.set_start(20).set_end(video.duration)  # 设
        置文字水印开始显示和结束显示的时间
13      new_video = CompositeVideoClip([video, text])  # 在
        视频上叠加文字水印
14      video_path = des_folder / i.name  # 构造导出视频的路径
15      new_video.write_videofile(str(video_path))  # 导出叠
        加了文字水印的视频
```

运行上述代码后，播放目标文件夹下的任意一个视频文件，都可以看到添加文字水印的效果。

案例 08　为视频添加图片水印

◎　代码文件：为视频添加图片水印.ipynb
◎　素材文件：产品推介.mp4、logo.png

◎ 应用场景

 牛老师，我已经学会了在视频中添加文字水印的方法，接下来是不是该学习在视频中添加图片水印了呢？

 是的。下面以为一个产品推介视频（见下左图）添加公司徽标（见下右图）的图片水印为例讲解代码的编写方法。

◎ 实现代码

```
1  from moviepy.editor import VideoFileClip, ImageClip, Com-
   positeVideoClip   # 从MoviePy模块的子模块editor中导入Video-
   FileClip类、ImageClip类和CompositeVideoClip类
2  video = VideoFileClip('产品推介.mp4')   # 读取视频
3  pic = ImageClip('logo.png').set_duration(video.duration).
   resize(0.2).set_position((0.08, 0.7), relative=True).set_
   opacity(0.7)   # 读取要设置为水印的图片，并设置图片水印的显示
   时长、尺寸、显示位置和不透明度
4  new_video = CompositeVideoClip([video, pic])   # 在视频中
```

叠加图片水印

```
5  new_video.write_videofile('图片水印.mp4')  # 导出叠加了图
   片水印的视频
```

◎ 代码解析

第 2 行代码用于读取要添加图片水印的视频"产品推介.mp4"。

第 3 行代码用于读取要设置为水印的图片，然后设置图片水印的显示时长为视频的时长，尺寸为原来的 20%，再以视频画面的左上角为原点，在"(帧宽度的 8%, 帧高度的 70%)"的相对位置放置图片水印，最后适当降低图片水印的不透明度。读者可根据实际需求修改各参数值。

第 4 行代码用于将设置好的图片水印叠加到视频上。

第 5 行代码用于导出叠加了图片水印的视频。

上述代码中的文件路径均为相对路径，读者可根据需求修改为绝对路径。

◎ 知识延伸

（1）第 3 行代码中的 ImageClip 类用于读取图片并创建视频剪辑，其常用语法格式如下：

ImageClip(img, is_mask=False, transparent=True, fromalpha=False)

各参数的说明见表 10-6。

表 10-6　ImageClip 类的参数说明

参数	说明
img	指定图片的文件路径
is_mask	指定是否为遮罩剪辑
transparent	若参数值为 True，表示将图片的背景层作为视频剪辑，将 alpha 层作为遮罩剪辑；若参数值为 False，表示将 alpha 层作为视频剪辑，将图片的背景层作为遮罩剪辑
fromalpha	指定是否用图片的 alpha 层构建剪辑

（2）第 3 行代码中使用 set_duration() 函数设置图片水印的显示时长。如果想要分别设置图片水印开始显示和结束显示的时间，可以参考案例 07 的代码，使用 set_start() 函数和 set_end() 函数来实现。

◎ 运行结果

　　下左图所示为原视频"产品推介.mp4"的播放效果。运行本案例的代码后，播放生成的视频文件"图片水印.mp4"，可在靠近画面左下角的位置看到添加的图片水印，如下右图所示。

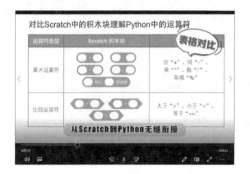 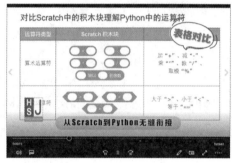

举一反三　批量为视频添加图片水印

◎　代码文件：批量为视频添加图片水印.ipynb
◎　素材文件：加水印之前（文件夹）

　　右图所示为文件夹"加水印之前"中的多个视频文件，下面基于案例 08 的方法构造循环，为这些视频文件添加相同的图片水印。代码如下：

```
1   from pathlib import Path  # 导入pathlib模块中的Path类
2   from moviepy.editor import VideoFileClip, ImageClip, Com-
    positeVideoClip  # 从MoviePy模块的子模块editor中导入Video-
    FileClip类、ImageClip类和CompositeVideoClip类
3   src_folder = Path('加水印之前')  # 指定来源文件夹的路径
```

```
4    des_folder = Path('加水印之后')  # 指定目标文件夹的路径
5    if not des_folder.exists():  # 如果目标文件夹不存在
6        des_folder.mkdir(parents=True)  # 创建该文件夹
7    pic = ImageClip('logo.png').resize(0.2).set_position((0.08,
     0.7), relative=True).set_opacity(0.7)  # 读取要设置为水印的
     图片，并设置图片水印的尺寸、位置和不透明度
8    for i in src_folder.glob('*.mp4'):  # 遍历来源文件夹中所
     有扩展名为 ".mp4" 的视频文件
9        video = VideoFileClip(str(i))  # 读取遍历到的视频文件
10       pic = pic.set_duration(video.duration)  # 设置图片水
         印的显示时长
11       new_video = CompositeVideoClip([video, pic])  # 在
         视频上叠加图片水印
12       video_path = des_folder / i.name  # 构造导出视频的路径
13       new_video.write_videofile(str(video_path))  # 导出叠
         加了图片水印的视频
```

运行上述代码后，播放目标文件夹下的任意一个视频文件，都可以看到添加图片水印的效果。

案例 09　制作镂空字幕

◎　代码文件：制作镂空字幕.ipynb
◎　素材文件：夏日荷塘.mp4

◎ 应用场景

牛老师，前面制作的字幕文本中填充的是单纯的颜色，我还见过一种镂空字幕，文本中填充的是视频画面的内容（见右图）。这种字幕是怎么制作出来的呢？

这种字幕效果的制作原理并不复杂，简单来说就是在视频画面上叠加了一个文本遮罩。遮罩又称蒙版，实际上是一张灰度图片，其像素点的颜色为白色、黑色或不同程度的灰色。将遮罩叠加在图像上时，位于白色、灰色、黑色像素点下方的图像内容最终的呈现效果将分别是完全可见、部分可见、完全不可见。因此，我们只需要创建一个字幕，将其转换成遮罩后叠加到视频画面上，就可以制作出你说的这种镂空字幕效果了（见下图）。

◎ 实现代码

```
1  from moviepy.editor import VideoFileClip, TextClip, Com-
   positeVideoClip  # 从MoviePy模块的子模块editor中导入Video-
   FileClip类、TextClip类和CompositeVideoClip类
2  video = VideoFileClip('夏日荷塘.mp4')  # 读取视频
3  text = TextClip(txt='爱莲说', fontsize=300, font='FZZJ-
   MSHLJW.ttf', color='white', bg_color='black', size=
   video.size)  # 创建字幕
4  text = text.to_mask()  # 将字幕转换成遮罩
5  video1 = video.set_mask(text).subclip(0, 5)  # 将遮罩应
   用到视频画面上，并从应用了遮罩的视频中截取片段
6  video2 = video.subclip(3).set_start(3).crossfadein(2)
   # 从原视频中截取片段，并设置开始播放时间和叠化转场效果
7  new_video = CompositeVideoClip([video1, video2])  # 将
   两个片段合成在一起
8  new_video.write_videofile('爱莲说.mp4')  # 导出视频
```

◎ 代码解析

第 2 行代码用于读取要制作镂空字幕的视频"夏日荷塘.mp4"。

第 3 行代码用于创建字幕并设置字幕的字体格式。这里创建的字幕的文本内容为"爱莲说",字体大小为 300 磅,字体为"方正字迹-牟氏黑隶体"(参数 font 的值是字体文件的路径,此处为相对路径),字体颜色为白色,背景颜色为黑色,字幕尺寸与视频的画面尺寸相同。读者可根据实际需求修改文本内容和字体格式。

第 4 行代码用于将前面创建的字幕转换成遮罩。

第 5 行代码用于将遮罩应用到视频画面上,并从应用了遮罩的视频中截取前 5 秒的片段。

第 6 行代码用于从原视频中截取第 3 秒之后的片段,设置该片段在合成视频中从第 3 秒开始播放,并为该片段设置时长两秒的叠化转场效果。

第 7 行代码用于将两个片段合成在一起。

第 8 行代码用于导出合成视频。

上述代码中的文件路径均为相对路径,读者可根据需求修改为绝对路径。

◎ 知识延伸

(1)第 3 行代码中使用 TextClip 类创建字幕时,使用了一个前面没有介绍过的参数 size。TextClip 类默认根据字体大小等因素自动决定字幕的尺寸,如果要手动指定字幕的尺寸,则可以通过参数 size 来完成。传给该参数的值应为一个包含帧宽度和帧高度的元组或列表,这里使用了 size 属性获取原视频的帧宽度和帧高度。

(2)第 4 行代码中的 to_mask() 函数用于将字幕转换成遮罩,该函数没有参数。

(3)第 5 行代码中的 set_mask() 函数用于将遮罩应用到视频画面上,该函数只有一个参数,即要应用的遮罩。

◎ 运行结果

运行本案例的代码后,播放生成的视频文件"爱莲说.mp4",可看到开头部分为镂空效果的标题字幕"爱莲说",随后画面逐渐过渡到显示完整的内容。

第 11 章

音频的剪辑

一段完整的视频往往是由画面和音频两部分组成的。音频可以赋予画面故事性，让整个视频作品变得更精彩。前面学习的主要是视频剪辑的技法，本章将学习音频剪辑的技法，包括转换音频格式、截取音频片段、删除视频中的音频、调整音频的音量大小、提取视频中的音频等。

案例 01　转换音频格式

　◎　代码文件：转换音频格式.ipynb
　◎　素材文件：书籍内容介绍.m4a

◎ 应用场景

 牛老师，在 Python 中能不能将一种格式的音频文件转换为其他格式的音频文件呢？

 可以先用 MoviePy 模块读取音频文件，再将其导出成所需的格式。下面就来看看如何将手机录制的 ".m4a" 格式的音频文件转换为 ".mp3" 格式。

◎ 实现代码

```
1  from moviepy.editor import AudioFileClip  # 从MoviePy模
   块的子模块editor中导入AudioFileClip类
2  audio_clip = AudioFileClip('书籍内容介绍.m4a')  # 读取要
   转换格式的音频文件
3  audio_clip.write_audiofile('书籍内容介绍.mp3')  # 以新的
   格式导出音频文件
```

◎ 代码解析

第 1 行代码用于从 MoviePy 模块的子模块 editor 中导入 AudioFileClip 类。
第 2 行代码用于读取要转换格式的音频文件 "书籍内容介绍.m4a"。
第 3 行代码用于以新的格式导出音频文件。
上述代码中的文件路径均为相对路径，读者可根据需求修改为绝对路径。

◎ 知识延伸

（1）第 2 行代码中的 AudioFileClip 类用于读取音频文件，括号中的参数是读取音频文件的路径。

（2）第 3 行代码中的 write_audiofile() 函数用于导出音频文件，括号中的参数是导出音频文件的路径。

◎ 运行结果

　　运行本案例的代码后，可在当前工作目录下看到转换得到的音频文件"书籍内容介绍.mp3"。

案例 02　截取音频片段

◎　代码文件：截取音频片段.ipynb
◎　素材文件：回到夏天.mp3

◎ 应用场景

 有时我们只需要使用音频文件中的某一个片段，能不能用 MoviePy 模块将这个片段截取出来呢？

 使用 AudioFileClip 类读取音频文件后，可以使用 subclip() 函数从音频中截取需要的片段。

◎ 实现代码

```
1   from moviepy.editor import AudioFileClip  # 从MoviePy模
    块的子模块editor中导入AudioFileClip类
2   audio_clip = AudioFileClip('回到夏天.mp3')  # 读取要截取
    片段的音频文件
3   audio_clip = audio_clip.subclip(0, 30)  # 从音频中截取第
    0~30秒的片段
4   audio_clip.write_audiofile('回到夏天1.mp3')  # 将截取的片
    段导出为音频文件
```

◎ 代码解析

　　第 2 行代码用于读取要截取片段的音频文件"回到夏天.mp3"。

　　第 3 行代码用于从读取的音频中截取第 0 ~ 30 秒的片段。读者可根据实际需求修改截取的开始时间点和结束时间点。

　　第 4 行代码用于将截取的片段导出为音频文件"回到夏天1.mp3"。

上述代码中的文件路径均为相对路径，读者可根据需求修改为绝对路径。

◎ 知识延伸

第 3 行代码中的 subclip() 函数用于从音频中截取两个时间点之间的内容，其常用语法格式如下：

subclip(t_start=0, t_end=None)

各参数的说明见表 11-1。

表 11-1　subclip() 函数的参数说明

参数	说明
t_start	指定片段的起始时间点。参数值有 4 种表示方式：①秒，为一个浮点型数字，如 47.15；②分钟和秒组成的元组，如 (2, 13.25)；③时、分、秒组成的元组，如 (0, 2, 13.25)；④用冒号分隔的时间字符串，如 '0:2:13.25'
t_end	指定片段的结束时间点。若省略该参数，则截取到音频的结尾，例如，subclip(5) 表示从第 5 秒截取到结尾；若参数值为负数，则 t_end 被设置为音频的完整时长与该数值之和，例如，subclip(5, -2) 表示从第 5 秒截取到结尾的前 2 秒

◎ 运行结果

原音频文件的时长为 4 分钟，如下左图所示。运行本案例的代码后，所生成音频文件"回到夏天1.mp3"的时长为代码中设置的 30 秒，如下右图所示。

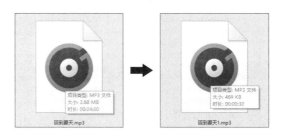

案例 03　删除视频中的音频

　◎　代码文件：删除视频中的音频.ipynb
　◎　素材文件：窗外美景.mp4

◎ 应用场景

 牛老师，我拍摄的一段视频素材中有一些与作品主题无关的声音，我想去除原声再重新配音。有没有什么办法可以快速去掉原声呢？

 在 Python 中，使用 MoviePy 模块下的 without_audio() 函数就能较为快速地删除视频的原声。

◎ 实现代码

```
1   from moviepy.editor import VideoFileClip   # 从MoviePy模
    块的子模块editor中导入VideoFileClip类
2   video_clip = VideoFileClip('窗外美景.mp4')   # 读取要删除
    音频的视频文件
3   new_video = video_clip.without_audio()   # 删除视频中的音频
4   new_video.write_videofile('窗外美景1.mp4')   # 导出删除音
    频后的视频文件
```

◎ 代码解析

第 2 行代码用于读取要删除音频的视频文件"窗外美景.mp4"。

第 3 行代码用于删除视频"窗外美景.mp4"中的音频。

第 4 行代码用于将删除音频后的视频导出为文件"窗外美景1.mp4"。

上述代码中的文件路径均为相对路径，读者可根据需求修改为绝对路径。

◎ 知识延伸

第 3 行代码中的 without_audio() 函数用于删除视频中的音频。该函数没有参数。

◎ 运行结果

运行本案例的代码后，播放生成的视频文件"窗外美景1.mp4"，可发现其只有画面，没有声音。

举一反三　批量删除视频中的音频

　◎　代码文件：批量删除视频中的音频.ipynb
　◎　素材文件：删除音频前（文件夹）

　　下图所示为文件夹"删除音频前"中的多个视频文件，下面基于案例 03 的方法构造循环，批量删除这些视频文件中的音频。代码如下：

```
1   from pathlib import Path  # 导入pathlib模块中的Path类
2   from moviepy.editor import VideoFileClip  # 从MoviePy模
    块的子模块editor中导入VideoFileClip类
3   src_folder = Path('删除音频前')  # 指定来源文件夹的路径
4   des_folder = Path('删除音频后')  # 指定目标文件夹的路径
5   if not des_folder.exists():  # 如果目标文件夹不存在
6       des_folder.mkdir(parents=True)  # 创建该文件夹
7   for i in src_folder.glob('*.mp4'):  # 遍历来源文件夹下所
    有扩展名为".mp4"的视频文件
8       video = VideoFileClip(str(i))  # 读取遍历到的视频文件
9       new_video = video.without_audio()  # 删除视频中的音频
10      video_path = des_folder / i.name  # 构造导出视频的路径
11      new_video.write_videofile(str(video_path))  # 导出删
        除音频的视频文件
```

运行上述代码后，目标文件夹下会生成多个视频文件，这些文件在播放时都只有画面，没有声音。

案例 04　从视频中提取音频

◎　代码文件：从视频中提取音频.ipynb
◎　素材文件：夏日甜品.mp4

◎ 应用场景

牛老师，我在一个视频作品中使用了一段背景音乐，现在想在其他作品中也使用相同的背景音乐，但是又找不到原来的音频素材了。有没有办法把那段背景音乐从视频中提取出来并存储为一个音频文件呢？

可以先用 VideoFileClip 类读取视频文件，再用 audio 属性从视频中提取音频，最后用 write_audiofile() 函数导出音频文件。

◎ 实现代码

```
1  from moviepy.editor import VideoFileClip  # 从MoviePy模
   块的子模块editor中导入VideoFileClip类
2  video_clip = VideoFileClip('夏日甜品.mp4')  # 读取要提取
   音频的视频文件
3  audio_clip = video_clip.audio  # 提取视频中的音频
4  audio_clip.write_audiofile('背景音乐.mp3')  # 将提取的音
   频导出为文件
```

◎ 代码解析

第 2 行代码用于读取要提取音频的视频文件"夏日甜品.mp4"。

第 3 行代码用于从读取的视频文件中提取音频。

第 4 行代码用于将提取的音频导出为文件。

上述代码中的文件路径均为相对路径，读者可根据需求修改为绝对路径。

◎ 知识延伸

第 3 行代码中的 audio 是 VideoFileClip 类的一个属性，主要用于提取视频中的音频。

◎ 运行结果

运行本案例的代码后，即可在当前工作目录下看到提取出的音频文件"背景音乐.mp3"。

案例 05　为视频添加背景音乐（方法一）

　◎　代码文件：为视频添加背景音乐（方法一）.ipynb
　◎　素材文件：可爱小狗.mp4、背景音乐.mp3

◎ 应用场景

牛老师，如果我不满意一个视频的背景音乐，想换成其他音乐，在 Python 中该如何实现呢？

只需要两步：先用 VideoFileClip 类读取音频文件，再用 set_audio() 函数将视频的音频轨道指定为所读取的音频。

可是我发现准备使用的背景音乐素材的时长比视频的时长要短一些，又该怎么办呢？

可以用 audio_loop() 函数把音频重复播放一定的次数，让音频变得和视频一样长，这样就能解决你的问题啦。

◎ 实现代码

```
1    from moviepy.editor import VideoFileClip, AudioFileClip
     # 从MoviePy模块的子模块editor中导入VideoFileClip类和Audio-
     FileClip类
2    from moviepy.audio.fx.all import audio_loop  # 从Movie-
     Py模块的子模块audio.fx.all中导入audio_loop()函数
```

```
3    video_clip = VideoFileClip('可爱小狗.mp4')   # 读取要添加
     背景音乐的视频文件
4    audio_clip = AudioFileClip('背景音乐.mp3')   # 读取作为背
     景音乐的音频文件
5    audio_clip = audio_loop(audio_clip, duration=video_clip.
     duration)   # 通过重复播放音频内容来增加音频的时长
6    new_video = video_clip.set_audio(audio_clip)   # 将处理好
     的音频添加到视频中
7    new_video.write_videofile('可爱小狗1.mp4')   # 导出视频
```

◎ 代码解析

第 3 行代码用于读取要添加背景音乐的视频"可爱小狗.mp4"。

第 4 行代码用于读取作为背景音乐的音频"背景音乐.mp3"。

第 5 行代码用于通过重复播放音频内容来增加音频的时长，直到音频的时长和视频的时长一致。

第 6 行代码用于将处理好的音频添加到视频中。

第 7 行代码用于导出添加了背景音乐的视频。

上述代码中的文件路径均为相对路径，读者可根据需求修改为绝对路径。

◎ 知识延伸

（1）第 5 行代码中的 audio_loop() 函数用于将音频内容重复播放一定的次数，其常用语法格式如下：

audio_loop(audioclip, nloops=None, duration=None)

各参数的说明见表 11-2。

表 11-2   audio_loop() 函数的参数说明

参数	说明
audioclip	指定要重复播放的音频文件
nloops	指定音频重复播放的次数
duration	指定音频重复播放后最终的时长

（2）第 5 行代码中的 duration 属性用于获取视频的时长。

（3）第 6 行代码中的 set_audio() 函数用于将一个音频文件设置为视频的音频轨道。该函数只有一个参数，用于指定要添加的音频文件。

◎ 运行结果

运行本案例的代码后，播放生成的视频文件"可爱小狗1.mp4"，即可听到新的背景音乐，该音乐会自动循环播放，直到视频画面结束。

案例 06　为视频添加背景音乐（方法二）

◎　代码文件：为视频添加背景音乐（方法二）.ipynb
◎　素材文件：可爱小狗.mp4、背景音乐.mp3

◎ 应用场景

 牛老师，如果背景音乐素材的时长比视频的时长更长，还能用 set_audio() 函数进行添加吗？

 如果音频比视频更长，需要先对音频做处理，使其时长与视频时长一致，如用 subclip() 函数截取片段，才能用 set_audio() 函数进行添加。否则视频的后半部分会只播放音频，而画面则静止于最后一帧。

◎ 实现代码

```
1  from moviepy.editor import VideoFileClip, AudioFileClip
   # 从MoviePy模块的子模块editor中导入VideoFileClip类和Audio-
   FileClip类
2  video_clip = VideoFileClip('可爱小狗.mp4')  # 读取视频
3  audio_clip = AudioFileClip('背景音乐.mp3').subclip(0, vid-
   eo_clip.duration)  # 读取作为背景音乐的音频文件并截取片段
4  new_video = video_clip.set_audio(audio_clip)  # 将处理好
   的音频添加到视频中
5  new_video.write_videofile('可爱小狗1.mp4')  # 导出添加了
   背景音乐的视频文件
```

◎ 代码解析

第 2 行代码用于读取视频文件"可爱小狗.mp4"。

第 3 行代码用于读取音频文件"背景音乐.mp3"，并截取音频的片段，片段的时长与视频的时长相同。

第 4 行代码用于将处理好的音频添加到视频中。

第 5 行代码用于导出添加了背景音乐的视频。

上述代码中的文件路径均为相对路径，读者可根据需求修改为绝对路径。

◎ 知识延伸

第 3 行代码中的 subclip() 函数在本章的案例 02 中介绍过，第 4 行代码中的 set_audio() 函数在本章的案例 05 中介绍过，这里不再赘述。

◎ 运行结果

运行本案例的代码后，播放生成的视频文件"可爱小狗1.mp4"，可以听到新的背景音乐，并且音乐会和画面一起结束。

案例 07　调节视频中音频的音量

◎　代码文件：调节视频中音频的音量.ipynb
◎　素材文件：调皮小兔.mp4

◎ 应用场景

牛老师，有些视频中音频的音量偏高或偏低，需要用户在播放器中手动调节，有没有什么方法可以在剪辑视频时就将音频的音量调节正常呢？

这个问题好解决，使用 MoviePy 模块中的 volumex() 函数就可以调节视频中音频的音量。

◎ 实现代码

```
1  from moviepy.editor import VideoFileClip  # 从MoviePy模
   块的子模块editor中导入VideoFileClip类
```

```
2  video = VideoFileClip('调皮小兔.mp4').volumex(0.2)  # 读
   取视频文件并降低音频的音量
3  video.write_videofile('调皮小兔1.mp4')   # 导出调节音频音
   量后的视频文件
```

◎ 代码解析

第 2 行代码用于读取要调节音频音量的视频文件"调皮小兔.mp4",然后降低视频中音频的音量。这里的 0.2 表示将音量降至原来的 20%。如果要提高音量,可以在括号里设置大于 1 的数值,如设置为 3,表示将音量升至原来的 3 倍。

第 3 行代码用于导出调节音频音量后的视频。

上述代码中的文件路径均为相对路径,读者可根据需求修改为绝对路径。

◎ 知识延伸

第 2 行代码中的 volumex() 是 VideoFileClip 类的一个函数,用于调节视频文件中音频的音量。该函数的常用语法格式如下:

volumex(factor)

参数 factor 用于指定音量的升降系数。参数值为浮点型数字,在 0～1 之间时表示降低音量,大于 1 时表示升高音量。

◎ 运行结果

运行本案例的代码后,依次播放原视频文件"调皮小兔.mp4"和代码生成的视频文件"调皮小兔1.mp4",可以对比调节音量的效果。

举一反三 调节音频的音量

◎ 代码文件:调节音频的音量.ipynb
◎ 素材文件:背景音乐.mp3

如果要调节音频文件的音量,可使用 AudioFileClip 类的 volumex() 函数。

代码如下：

```
1   from moviepy.editor import AudioFileClip  # 从MoviePy模
    块的子模块editor中导入AudioFileClip类
2   audio = AudioFileClip('背景音乐.mp3').volumex(5)  # 读取
    要调节音量的音频文件，并将音频的音量提高为原来的5倍
3   audio.write_audiofile('背景音乐1.mp3')  # 导出调节了音量
    的音频文件
```

运行本案例的代码后，依次播放原音频文件"背景音乐.mp3"和代码生成的音频文件"背景音乐1.mp3"，可以对比调节音量的效果。

案例 08　为视频中的音频设置淡入淡出效果

◎　代码文件：为视频中的音频设置淡入淡出效果.ipynb
◎　素材文件：夏日荷塘.mp4

◎ 应用场景

 前面学习了从音频素材中截取片段再添加到视频中。但在播放视频时，我发现经过截取后，音频的开始和终止都变得非常突兀和生硬。牛老师，有没有什么方法可以让音频的过渡更加自然呢？

 可以为音频的开头和结尾分别设置淡入和淡出效果。使用 MoviePy 模块中的 audio_fadein() 函数和 audio_fadeout() 函数就能实现。

◎ 实现代码

```
1   from moviepy.editor import VideoFileClip, AudioFileClip
    # 从MoviePy模块的子模块editor中导入VideoFileClip类和Audio-
    FileClip类
2   from moviepy.audio.fx.all import audio_fadein, audio_
    fadeout  # 从MoviePy模块的子模块audio.fx.all中导入audio_
    fadein()函数和audio_fadeout()函数
```

```
3    video = VideoFileClip('夏日荷塘.mp4')  # 读取视频
4    audio = AudioFileClip('回到夏天.mp3').subclip(0, video.
     duration)  # 读取音频并截取片段
5    audio = audio_fadein(audio, 5)  # 为音频设置淡入效果
6    audio = audio_fadeout(audio, 5)  # 为音频设置淡出效果
7    new_video = video.set_audio(audio)  # 为视频添加设置了淡
     入和淡出效果的音频
8    new_video.write_videofile('夏日荷塘1.mp4')  # 导出视频
```

◎ 代码解析

第 3 行代码用于读取视频文件"夏日荷塘.mp4"。

第 4 行代码用于读取音频文件"回到夏天.mp3"，并截取需要的片段。

第 5 行和第 6 行代码分别用于为音频片段设置 5 秒的淡入效果和 5 秒的淡出效果。读者可根据实际需求修改效果的持续时间。

第 7 行代码用于将处理好的音频添加到视频中。

第 8 行代码用于导出视频。

上述代码中的文件路径均为相对路径，读者可根据需求修改为绝对路径。

◎ 知识延伸

（1）第 5 行代码中的 audio_fadein() 函数用于为音频设置淡入效果，即让音频开头部分的音量从无逐渐上升到正常。该函数的常用语法格式如下：

audio_fadein(clip, duration)

各参数的说明见表 11-3。

表 11-3　audio_fadein() 函数的参数说明

参数	说明
clip	指定要设置淡入效果的音频文件
duration	指定淡入效果的时长（单位：秒），参数值为浮点型数字

（2）第 6 行代码中的 audio_fadeout() 函数用于为音频设置淡出效果，即让音频结尾部分的音量从正常逐渐降低到无。该函数的常用语法格式如下：

audio_fadeout(clip, duration)

各参数的说明见表 11-4。

表 11-4　audio_fadeout() 函数的参数说明

参数	说明
clip	指定要设置淡出效果的音频文件
duration	指定淡出效果的时长（单位：秒），参数值为浮点型数字

◎ 运行结果

运行本案例的代码后，播放生成的视频文件"夏日荷塘1.mp4"，即可听到其中的音频设置了淡入和淡出效果，播放效果显得更加自然。

第 **12** 章

综合实战

第 5～11 章讲解了利用 MoviePy 模块剪辑和制作视频的基本操作，本章将通过两个综合性较强的实战案例帮助读者巩固前面所学的知识。

案例 01　制作城市宣传片

◎　代码文件：制作城市宣传片.ipynb
◎　素材文件：视频素材（文件夹）、背景音乐.mp3

◎ 应用场景

小新，前面都是我在讲解，现在我要考考你，看看你掌握得怎么样。我这里有几段某城市地标景观的视频素材（见下图），如果让你用这些素材剪辑制作一部简短的城市宣传片，你会怎么编写 Python 代码呢？

我会先用 VideoFileClip 类分别读取这些视频素材，并截取需要的部分，然后用 TextClip 类创建标题字幕，说明各景观的名称，再用 Composite-VideoClip 类合并添加好字幕的几段视频，最后添加长度合适的背景音乐，导出一个完整的视频作品。下面我就动手编写代码。

◎ 实现代码

```
1  from moviepy.editor import VideoFileClip, TextClip, Com-
   positeVideoClip, AudioFileClip  # 从MoviePy模块的子模块
   editor中导入VideoFileClip类、TextClip类、CompositeVideo-
   Clip类和AudioFileClip类
2  from moviepy.audio.fx.all import audio_fadeout  # 从
   MoviePy模块的子模块audio.fx.all中导入audio_fadeout()函数
3  from moviepy.video.fx.all import fadein, fadeout  # 从
   MoviePy模块的子模块video.fx.all中导入fadein()函数和fade-
   out()函数
4  video_clip1 = VideoFileClip('视频素材/天府广场.mp4', audio
   =False).subclip(3)  # 读取第1段视频并截取片段
5  video_clip1 = fadein(video_clip1, duration=4)  # 为第1段
```

视频设置淡入效果

```
6   title_text = TextClip(txt='成都\n魅力之都', fontsize=80,
    font='FZChaoZTJW_EB.ttf', color='orange').set_posi-
    tion('center').set_duration(2)   # 创建整个作品的标题字
    幕，并设置字幕的位置和持续时间

7   text1 = TextClip(txt='天府广场', fontsize=46, font='FZ-
    TieXHJW_Zhong.ttf', color='white').set_position((1050,
    240)).set_start(3).set_end(6.5)   # 创建第1段视频的标题字
    幕，并设置字幕的位置、开始时间和结束时间

8   video_clip1 = CompositeVideoClip([video_clip1, title_
    text, text1])   # 叠加第1段视频和两个标题字幕

9   video_clip2 = VideoFileClip('视频素材/金融城双子塔.mp4',
    audio=False)   # 读取第2段视频

10  text2 = TextClip(txt='金融城双子塔', fontsize=46, font=
    'FZTieXHJW_Zhong.ttf', color='white').set_position((380,
    200)).set_start(2).set_end(6)   # 创建第2段视频的标题字
    幕，并设置字幕的位置、开始时间和结束时间

11  video_clip2 = CompositeVideoClip([video_clip2, text2])
    # 叠加第2段视频和对应的标题字幕

12  video_clip3 = VideoFileClip('视频素材/琴台路.mp4', audio=
    False).resize(video_clip2.size)   # 读取第3段视频并更改画
    面尺寸

13  text3 = TextClip(txt='琴台故径', fontsize=46, font='FZ-
    TieXHJW_Zhong.ttf', color='white').set_position((210,
    630)).set_start(2).set_end(6)   # 创建第3段视频的标题字
    幕，并设置字幕的位置、开始时间和结束时间

14  video_clip3 = CompositeVideoClip([video_clip3, text3])
    # 叠加第3段视频和对应的标题字幕

15  video_clip4 = VideoFileClip('视频素材/廊桥.mp4', audio=
    False).subclip(4, 11)   # 读取第4段视频并截取片段

16  video_clip4 = fadeout(video_clip4, duration=2)   # 为第4
    段视频设置淡出效果
```

```
17    text4 = TextClip(txt='安顺廊桥', fontsize=46, font='FZ-
      TieXHJW_Zhong.ttf', color='white').set_position((200,
      120)).set_start(2).set_end(6)   # 创建第4段视频的标题字
      幕，并设置字幕的位置、开始时间和结束时间
18    video_clip4 = CompositeVideoClip([video_clip4, text4])
      # 叠加第4段视频和对应的标题字幕
19    merge_video = CompositeVideoClip([video_clip1, video_
      clip2.set_start(7).crossfadein(1), video_clip3.set_
      start(14).crossfadein(1), video_clip4.set_start(21).
      crossfadein(1)])   # 叠加4段视频，为后3段视频设置开始播放时
      间，并添加叠化转场效果
20    audio_clip = AudioFileClip('背景音乐.mp3').set_duration
      (merge_video.duration)  # 读取音频文件并更改音频的时长
21    audio_clip = audio_fadeout(audio_clip, 3)   # 为音频设置
      淡出效果
22    new_video = merge_video.set_audio(audio_clip)   # 将处理
      好的音频添加到视频中
23    new_video.write_videofile('城市宣传片.mp4')  # 导出视频
```

◎ 代码解析

第 1～3 行代码用于导入需要用到的类和函数。

第 4 行和第 5 行代码先读取第 1 段视频"天府广场.mp4"并舍弃视频中的音频，然后截取从第 3 秒到末尾的片段，再为片段设置时长 4 秒的颜色淡入效果。处理后的视频时长由原来的 11 秒缩短至 8 秒，播放效果是在开头显示黑色背景，然后在黑色背景中逐渐淡入显示画面内容，如下面 3 幅图所示。

第 6 行代码先创建整个作品的标题字幕"成都　魅力之都"（其中"\n"

表示换行），字体大小为 80 磅，字体为"方正超值体"，颜色为橙色。然后将该标题字幕的位置设置在画面中间，将持续时间设置为两秒。

第 7 行代码用于创建标题字幕"天府广场"，以说明第 1 段视频所展示的景观，字幕的字体大小为 46 磅，字体为"方正铁线黑"，颜色为白色。然后设置该标题字幕显示在画面右上方，显示的时间段为第 3～6.5 秒。

第 8 行代码用于叠加第 1 段视频和两个标题字幕。此时这段视频的播放效果为：在视频的开头，画面中间会显示作品标题"成都 魅力之都"，如下左图所示；播放至第 3 秒时，画面右上方会显示标题"天府广场"，如下右图所示。

第 9 行代码用于读取第 2 段视频"金融城双子塔.mp4"，并舍弃视频中的音频。

第 10 行代码用于创建标题字幕"金融城双子塔"，以说明第 2 段视频所展示的景观，字幕的字体格式与第 1 段视频的标题字幕相同。然后设置该标题字幕的显示位置为画面中建筑的左侧，显示的时间段为第 2～6 秒。

第 11 行代码用于叠加第 2 段视频和对应的标题字幕。此时这段视频的播放效果为：播放至第 2 秒时，开始显示标题"金融城双子塔"，如下左图所示；播放至第 7 秒时，标题消失，如下右图所示。

第 12 行代码用于读取第 3 段视频"琴台路.mp4"，并舍弃视频中的音频。因为第 3 段视频的画面尺寸与其他 3 段视频不同，所以接着使用 resize() 函数

更改第 3 段视频的画面尺寸。

第 13 行代码用于创建标题字幕"琴台故径"，以说明第 3 段视频所展示的景观，字幕的字体格式与第 1 段视频的标题字幕相同。然后设置该标题字幕的显示位置为画面左下方，显示的时间段为第 2～6 秒。

第 14 行代码用于叠加第 3 段视频和对应的标题字幕。此时这段视频的播放效果为：播放至第 2 秒时，开始显示标题"琴台故径"，如下左图所示；播放至第 7 秒时，标题消失，如下右图所示。

第 15 行代码用于读取第 4 段视频"廊桥.mp4"，然后截取第 4～11 秒的片段。

第 4 段视频是最终合成视频的最后一段，第 16 行代码使用 fadeout() 函数为这段视频设置时长为两秒的颜色淡出效果，让视频以更自然的方式结束。

第 17 行代码用于创建标题字幕"安顺廊桥"，以说明第 4 段视频所展示的景观，字幕的字体格式与第 1 段视频的标题字幕相同。然后设置该标题字幕的显示位置为画面左上方，显示的时间段为第 2～6 秒。

第 18 行代码用于叠加第 4 段视频和对应的标题字幕。此时这段视频的播放效果为：在第 2～6 秒，画面中会显示标题"安顺廊桥"，如下左图所示；在最后两秒，画面会逐渐隐入黑色的背景，如下右图所示。至此，4 段视频就全部处理好了。

第 19 行代码用于把处理好的 4 段视频合成为一段视频。在合成视频中，第 2 段视频从 7 秒开始播放，第 3 段视频从第 14 秒开始播放，第 4 段视频从第 21 秒开始播放。为让各段视频之间的过渡更加柔和和自然，在各段视频之间添加时长 1 秒的叠化转场效果。

第 20 行代码用于读取作为背景音乐的音频文件，并设置音频的时长与合成视频的时长一致。

第 21 行代码用于在音频结尾处设置时长 3 秒的淡出效果。

第 22 行和第 23 行代码将处理好的背景音乐添加到合成视频中，最后导出完整的视频作品。

◎ 知识延伸

第 6 行代码中的"\n"在写法上是两个字符的组合，但是它只代表一个字符——换行符。需要注意的是，"\n"只有在位于一个字符串中时才起作用。演示代码如下：

```
1   text = '成都\n一座来了就不想离开的城市'
2   print(text)
```

代码运行结果如下：

```
1   成都
2   一座来了就不想离开的城市
```

举一反三　随机设置字幕的位置

◎　代码文件：随机设置字幕的位置.ipynb
◎　素材文件：视频素材（文件夹）、背景音乐.mp3

在案例 01 中，每段视频中标题字幕的显示位置都是固定的。如果想要随机指定标题字幕的位置，可以使用 random 模块（内置模块，无须手动安装）的 randint() 函数生成随机数。代码如下：

```
1  from moviepy.editor import VideoFileClip, TextClip, Com-
   positeVideoClip, AudioFileClip  # 从MoviePy模块的子模块
   editor中导入VideoFileClip类、TextClip类、CompositeVideo-
   Clip类和AudioFileClip类
2  from moviepy.audio.fx.all import audio_fadeout  # 从
   MoviePy模块的子模块audio.fx.all中导入audio_fadeout()函数
3  from moviepy.video.fx.all import fadein, fadeout  # 从
   MoviePy模块的子模块video.fx.all中导入fadein()函数和fade-
   out()函数
4  from random import randint  # 导入random模块的randint()
   函数
5  video_clip1 = VideoFileClip('视频素材/天府广场.mp4', audio
   =False).subclip(3)  # 读取第1段视频并截取片段
6  video_clip1 = fadein(video_clip1, duration=4)  # 为第1段
   视频设置淡入效果
7  title_text = TextClip(txt='成都\n魅力之都', fontsize=80,
   font='FZChaoZTJW_EB.ttf', color='orange').set_posi-
   tion('center').set_duration(2)  # 创建整个作品的标题字
   幕，并设置字幕的位置和持续时间
8  location = (randint(200, 1050), randint(120, 630))  # 在
   一定范围内随机生成字幕的位置坐标
9  text1 = TextClip(txt='天府广场', fontsize=46, font='FZ-
   TieXHJW_Zhong.ttf', color='white').set_position(loca-
   tion).set_start(3).set_end(6.5)  # 创建第1段视频的标题字
   幕，并设置字幕的位置、开始时间和结束时间
10 video_clip1 = CompositeVideoClip([video_clip1, title_
   text, text1])  # 叠加第1段视频和两个标题字幕
11 video_clip2 = VideoFileClip('视频素材/金融城双子塔.mp4',
   audio=False)  # 读取第2段视频
12 location = (randint(200, 1050), randint(120, 630))  # 在
   一定范围内随机生成字幕的位置坐标
13 text2 = TextClip(txt='金融城双子塔', fontsize=46, font=
```

```
    'FZTieXHJW_Zhong.ttf', color='white').set_position(lo-
    cation).set_start(2).set_end(6)    # 创建第2段视频的标题字
    幕，并设置字幕的位置、开始时间和结束时间
14  video_clip2 = CompositeVideoClip([video_clip2, text2])
    # 叠加第2段视频和对应的标题字幕
15  video_clip3 = VideoFileClip('视频素材/琴台路.mp4', audio=
    False).resize(video_clip2.size)    # 读取第3段视频并更改画
    面尺寸
16  location = (randint(200, 1050), randint(120, 630))   # 在
    一定范围内随机生成字幕的位置坐标
17  text3 = TextClip(txt='琴台故径', fontsize=46, font='FZ-
    TieXHJW_Zhong.ttf', color='white').set_position(loca-
    tion).set_start(2).set_end(6)    # 创建第3段视频的标题字
    幕，并设置字幕的位置、开始时间和结束时间
18  video_clip3 = CompositeVideoClip([video_clip3, text3])
    # 叠加第3段视频和对应的标题字幕
19  video_clip4 = VideoFileClip('视频素材/廊桥.mp4', audio=
    False).subclip(4, 11)    # 读取第4段视频并截取片段
20  video_clip4 = fadeout(video_clip4, duration=2)    # 为第4
    段视频设置淡出效果
21  location = (randint(200, 1050), randint(120, 630))   # 在
    一定范围内随机生成字幕的位置坐标
22  text4 = TextClip(txt='安顺廊桥', fontsize=46, font='FZ-
    TieXHJW_Zhong.ttf', color='white').set_position(loca-
    tion).set_start(2).set_end(6)    # 创建第4段视频的标题字
    幕，并设置字幕的位置、开始时间和结束时间
23  video_clip4 = CompositeVideoClip([video_clip4, text4])
    # 叠加第4段视频和对应的标题字幕
24  merge_video = CompositeVideoClip([video_clip1, video_
    clip2.set_start(7).crossfadein(1), video_clip3.set_
    start(14).crossfadein(1), video_clip4.set_start(21).
    crossfadein(1)])    # 叠加4段视频，为后3段视频设置开始播放时
```

间，并添加叠化转场效果

```
25  audio_clip = AudioFileClip('背景音乐.mp3').set_duration
    (merge_video.duration)  # 读取音频文件并更改音频的时长
26  audio_clip = audio_fadeout(audio_clip, 3)  # 为音频设置
    淡出效果
27  new_video = merge_video.set_audio(audio_clip)  # 将处理
    好的音频添加到视频中
28  new_video.write_videofile('城市宣传片-随机位置.mp4')  # 导
    出视频
```

randint() 函数用于生成一个指定范围内的随机整数，其常用语法格式为 randint(a, b)。其中，参数 a 是下限，参数 b 是上限，生成的随机整数位于 a～b 之间。例如，第 8 行代码表示生成一个 200～1050 之间的随机整数作为 x 坐标，生成一个 120～630 之间的随机整数作为 y 坐标。

运行上述代码后，播放生成的视频文件，可以看到在随机位置显示的字幕，如下面 4 幅图所示。每次运行代码后生成的视频中，字幕的位置都会变化。

案例 02　制作轿车广告

◎　代码文件：制作轿车广告.ipynb
◎　素材文件：视频素材（文件夹）、背景音乐.mp3、广告字幕.srt

◎ 应用场景

牛老师，昨天一位客户给了我一些视频素材（见下图），让我给一款轿车制作视频广告。我感觉自己应对这类商业项目的经验还不足，能不能请您指点一下呢？

轿车广告需要有较强的节奏感。我看了一下这几段视频，每段视频的时长都不相同，可以通过加快播放速度使时长一致，再进行拼接。编写代码时可通过构造循环进行批量处理，以提高效率。广告中的字幕也是不可或缺的重要元素，开头和结尾的字幕要大气、醒目，展示产品卖点的画面需要配上相应的解说字幕，以帮助观众理解。

真是太感谢了！经过您的这番点拨，我感觉思路清晰了不少，我马上开始编写代码。

◎ 实现代码

```
1   from pathlib import Path  # 导入pathlib模块中的Path类
2   from moviepy.editor import VideoFileClip, TextClip, Au-
    dioFileClip, CompositeVideoClip, concatenate_videoclips
    # 从MoviePy模块的子模块editor中导入VideoFileClip类、Text-
```

```
     Clip类、AudioFileClip类、CompositeVideoClip类和concate-
     nate_videoclips()函数
 3   from moviepy.video.tools.subtitles import SubtitlesClip
     # 从MoviePy模块的子模块video.tools.subtitles中导入Subti-
     tlesClip类
 4   from moviepy.audio.fx.all import audio_fadein, audio_
     fadeout   # 从MoviePy模块的子模块audio.fx.all中导入audio_
     fadein()函数和audio_fadeout()函数
 5   src_folder = Path('视频素材')   # 指定视频素材文件夹的路径
 6   video_list = []  # 创建一个空列表
 7   for i in src_folder.glob('*.*'):   # 遍历视频素材文件夹下
     的所有文件
 8       video_clip = VideoFileClip(str(i)).speedx(final_du-
         ration=5)   # 读取视频，并通过更改视频的播放速度调整视频
         的时长
 9       video_list.append(video_clip)  # 将视频添加到列表中
10   merge_video = concatenate_videoclips(video_list)   # 拼
     接列表中的视频
11   start_text = TextClip(txt='时尚外观\n惊艳上市', fontsize=
     300, font='FZChaoZTJW_EB.ttf', color='red').set_position
     ('center').set_start(1).set_end(4).set_opacity(0.7)   # 创
     建开头的标题字幕，并设置字幕的位置、显示的时间和不透明度
12   generator = lambda txt:TextClip(txt, font='FZZZHUNHJW.
     ttf', fontsize=55, color='white')  # 定义字幕生成器
13   subtitles = SubtitlesClip('广告字幕.srt', make_textclip=
     generator).set_position('bottom', 'center')   # 读取字幕
     文件生成解说字幕，并指定解说字幕的位置
14   end_text = TextClip(txt='CROSS COUNTRY\n纵情天地 驾驭梦想',
     fontsize=120, font='FZChaoZTJW_EB.ttf', color='white').
     set_position('center').set_start(26).set_end(30).crossfa-
     dein(2)   # 创建结尾的标题字幕，并设置字幕的位置、显示的时间和
     叠化转场效果
```

```
15   merge_video = CompositeVideoClip([merge_video, start_
     text, subtitles, end_text])  # 合并视频、标题字幕和解说字幕
16   audio_clip = AudioFileClip('背景音乐.mp3').subclip((2,
     0), (2, 30))  # 加载并剪辑音频
17   audio_clip = audio_fadein(audio_clip, 2)  # 设置音频的淡
     入效果
18   audio_clip = audio_fadeout(audio_clip, 1)  # 设置音频的淡
     出效果
19   new_video = merge_video.set_audio(audio_clip)  # 将处理
     好的音频添加到视频中
20   new_video.write_videofile('轿车广告.mp4')  # 导出视频
```

◎ 代码解析

第 1～4 行代码用于导入需要用到的类和函数。

第 5 行代码用于指定视频素材所在文件夹的路径。

第 6 行代码创建了一个空列表，用于存储编辑后的视频。

第 7 行代码用于遍历视频素材文件夹下所有文件的路径。

第 8 行代码先读取遍历到的视频文件，然后通过更改视频的播放速度将视频的时长调整至 5 秒。

第 9 行代码用于将调整好的视频添加到之前创建的列表中。

第 10 行代码用于把列表中的所有视频拼接成一个新视频。该视频的总时长为 30 秒，各片段的时长为 5 秒，当播放至第 5 秒、第 10 秒、第 15 秒、第 20 秒、第 25 秒时会自动切换镜头画面，如下面 6 幅图所示。

第 11 行代码用于创建开头的标题字幕，包含"时尚外观"和"惊艳上市"两行文字，字体大小为 300 磅，字体为"方正超值体"，颜色为红色。然后设置字幕的显示位置为画面中间，显示的时间段为第 1～4 秒，文字的不透明度为 70%。

　　如果将上述标题字幕叠加到视频上，则播放效果如下左图和下右图所示。

　　第 12 行代码用于定义一个字幕生成器，设置字幕文字的字体为"方正正准黑"，字体大小为 55 磅，颜色为白色。

　　第 13 行代码用于读取字幕文件，然后使用前面定义的字幕生成器生成解说字幕，最后将解说字幕的位置设置在画面底部中间。

　　如果将上述解说字幕叠加到视频上，则播放效果如下面 4 幅图所示，在字幕文件中指定的时间段内会显示指定内容的文字。

　　第 14 行代码用于创建结尾的标题字幕,包含"CROSS COUNTRY"和"纵情天地 驾驭梦想"两行文字,字体大小为 120 磅,字体为"方正超值体",颜色为白色。然后设置字幕的显示位置为画面中间,显示的时间段为第 26～30 秒,并为字幕设置时长两秒的叠化转场效果,让字幕文字逐渐显示出来。

　　如果将上述标题字幕叠加到视频上,则播放效果如下左图和下右图所示。

　　第 15 行代码用于合并视频、标题字幕和解说字幕。

　　第 16 行代码用于读取作为背景音乐的音频文件,并根据合成视频的时长,从音频中截取 2 分到 2 分 30 秒这段时长为 30 秒的片段。

　　第 17 行和第 18 行代码分别为截取的音频片段设置两秒的淡入效果和 1 秒的淡出效果,让音频过渡更自然。

　　第 19 行和第 20 行代码将处理好的背景音乐添加到合成视频中,最后导出完整的视频作品。

◎ 知识延伸

可以利用列表推导式将第 6～9 行代码简化成如下所示的一行代码:

```
1    video_list = [VideoFileClip(str(i)).speedx(final_dura-
     tion=5) for i in src_folder.glob('*.*')]
```